現代 Java

輕鬆解決 Java 8 與 9 的難題

Modern Java Recipes

Simple Solutions to Difficult Problems in Java 8 and 9

Ken Kousen 著

賴屹民 譯

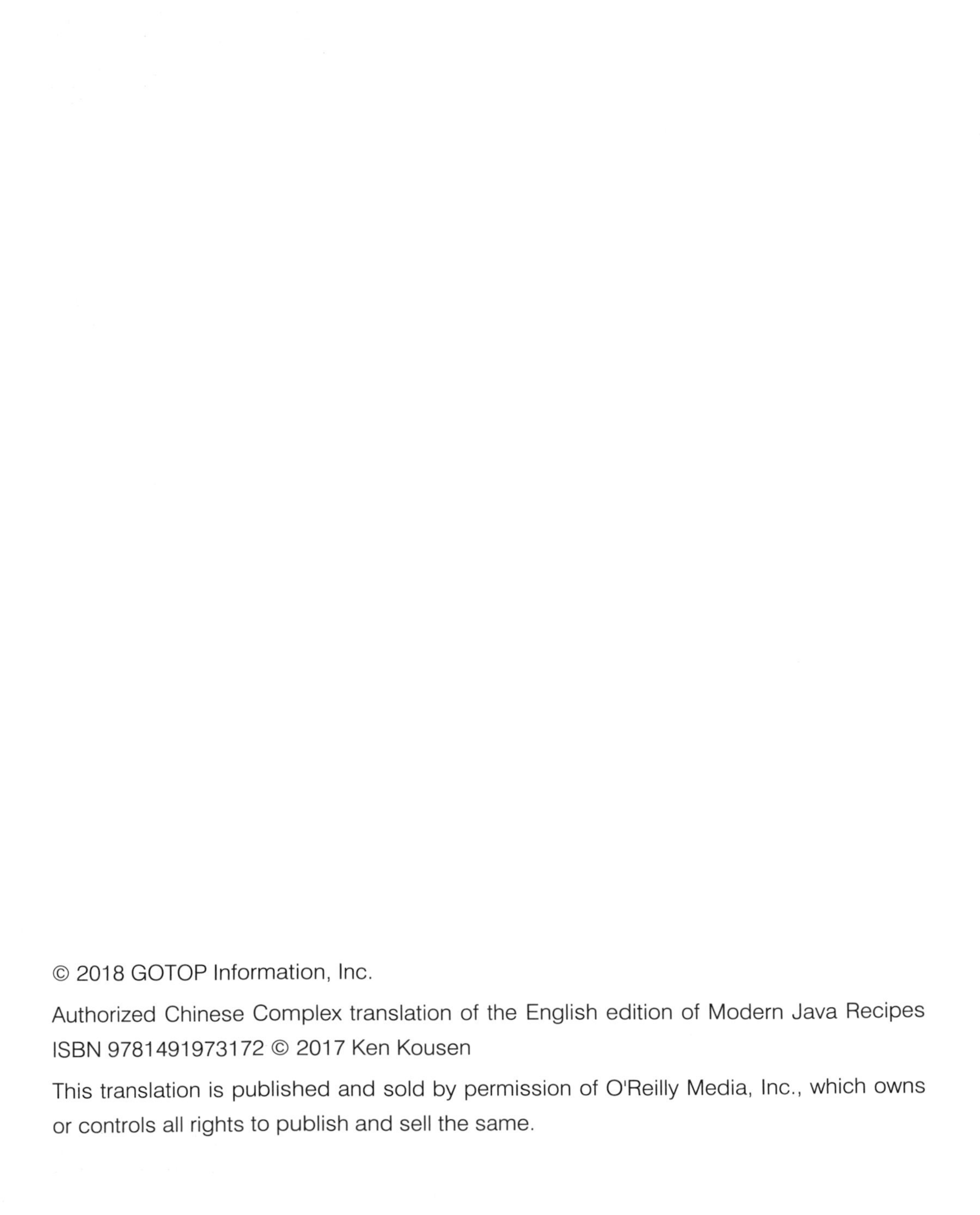

Hey Xander, this one's yours. Surprise!

目錄

推薦序

毫無疑問，Java 8 的新功能，尤其是 lambda 表達式與 Streams API，使 Java 語言往前跨出一大步。我已經使用 Java 8 好幾年了，也曾在工作坊與透過部落格文章告訴開發者新的功能。我知道雖然 lambda 與串流為 Java 帶來更多泛函（functional）程式設計風格（也可讓我們無縫地發揮平行處理的威力），但開發者必須開始使用這些特殊功能，才能知道它們吸引人的地方—使用這些語法，可讓你更輕鬆地處理某些問題，並帶來更多成效。

身為開發者、貢獻者與作者，我不但熱切地希望其他的開發者知道 Java 語言的演變，也想要讓他們知道這種演變可讓我們開發者更輕鬆—有很多更簡單的問題處理方式，甚至可以處理很困難的問題。我欣賞 Ken 的地方，正是他把焦點放在這裡，他會協助你學習新事物，把重心放在對真實世界的開發者而言有價值的技術上，又不會談論你已經知道或不需要的細節。

我第一次接觸到 Ken 的作品，是他在 JavaOne 提出的“Making Java Groovy”。當時，我的工作團隊正煩惱該如何寫出易讀且實用的測試程式，我們考慮的解決方案之一就是 Groovy。身為長期的 Java 程式員，我不想要為了編寫測試程式而學習全新的語言，特別是我認為自己已經知道如何編寫測試程式了。Ken 為 Java 程式員講解的 Groovy 課程讓我學到許多應瞭解的知識，且不會重複我已經知道的東西。他讓我明白，只要使用正確的教材，其實不需要費心瞭解所有的細節，只要學習我在乎的部分就可以了。於是我立刻購買他的書籍。

Modern Java Recipes 這本新書採取類似的基調一身為資深的開發者，我們不需要像這種語言的新手一樣學習 Java 8 與 9 的所有新功能，也沒有時間做這種事。我們需要一本可讓我們快速使用想用的功能、具備實際範例，並能我們在工作上應用的指南，本書正是這種指南。書中的訣竅展示如何使用 Java 8 與 9 的新功能來處理日常工作的問題，讓我們以更自然的方式熟悉語言的新功能，藉此提升技術。

即使是用過 Java 8 與 9 的人也可以學到一些新知識。說明 Reduction 運算子的章節確實協助我在不需要讓大腦重新學習的情況下瞭解這種泛函風格的程式寫法。本書談到的 Java 9 功能正是可幫助我們開發者的功能，而且它們（尚）未廣為人知。要快速、有效地上手 Java，閱讀這本書是最好的方式。想要提升知識的每位 Java 開發者，也可以在書中找到他們想要的東西。

— Trisha Gee
Jet Brains 的 Java Champion 與
Java Developer
2017 年 7 月

前言

現代 Java

我們很難相信，一種需要考慮整整 20 年的回溯相容性的語言，會有這麼劇烈的變化。當 Java SE 8 在 2014 年 3 月釋出之前[1]，Java 這種成功的伺服器端程式語言已經獲得“21 世紀 COBOL”的美名了。它既穩定、普遍，又持續地專注於性能的改善。它的變化非常緩慢，導致每當有新版本可用時，企業界往往會覺得不需要急著升級。

不過當 Java SE 8 釋出時，一切都改變了。Java SE 8 納入“Lambda 專案”，這是一項重大的創新，在這個佔有世界主導地位的物件導向語言中，納入泛函程式設計的概念。Lambda 表達式、方法參考，以及串流，從根本上改變了這個語言的語法，讓許多開發人員必須嘗試追上腳步。

本書不想要評論這種改變究竟是好是壞，或是否應該採取不同的做法，本書的態度是“這就是我們擁有的東西，也是你用來完成工作的方式。”這就是本書採取訣竅設計的原因，它們闡述的都是你得做的事情，以及 Java 的新功能如何協助你完成它。

也就是說，當你習慣新的程式設計模型之後，會得到許多好處。泛函程式比較簡單，也易於編寫與瞭解。泛函做法有助於不可變性，可讓我們以更簡潔的方式編寫並行（concurrent）程式，而且更有可能成功。在 Java 初創時期，你可以信賴摩爾定律，處

1 是的，Java SE 8 第一版的問世，其實已經是三年前的事。就連我都很難相信。

理器的速度大約每 18 個月就會加倍一次。但近年來，從連手機都有多處理器這件事情，就可以讓我們看到效能改善的速度有多快。

因為 Java 一向對回溯相容性很敏感，許多公司與開發者雖然都已改用 Java SE 8，卻不使用新的語法。即使如此，既然這個平台更強大了，就值得你使用它，更不用說 Oracle 在 2015 年 4 月正式宣布 Java 7 的結束。

經過這幾年，多數的 Java 開發者都在使用 Java 8 JDK 了，現在是深入瞭解它並知道它可為你未來的開發帶來什麼成果的時候了。本書就是為了加速這個過程而設計的。

誰該閱讀本書？

本書的訣竅是假設典型的讀者都已經熟悉 Java SE 8 之前的版本。你不需要是一位專家，也不需要復習舊的觀念，不過，這本書不是 Java 或物件導向的初學指南。如果你曾經在專案中使用 Java，而且已經熟悉標準程式庫，就可以閱讀這本書了。

這本書會討論幾乎所有的 Java SE 8，也有一章把重點放在 Java 9 的新改變上。如果你想要知道這種語言新增的泛函語法如何改變你的程式寫法，本書會透過許多使用案例來完成這項目標。

普遍存在於伺服器端的 Java 擁有豐富的開放原始碼程式庫與工具支援系統。Spring Framework 與 Hibernate 是其中兩種最熱門的開放原始碼框架，它們若不是需要 Java 8，就是很快便會如此。如果你準備在這個生態系統中工作，本書是為你而寫的。

本書架構

這本書是以訣竅來架構的，但是我們很難在不談到其他功能的情況下，在訣竅中只單獨討論 lambda 表達式、方法參考與串流。事實上，前七章都在討論彼此相關的概念，你不需要按照特定的順序來閱讀它們。

本書的章節架構如下：

- **第一章「基礎知識」**討論 ***lambda* 表達式**、**方法參考**的基礎知識，並採用介面的新功能：***default* 方法**與**靜態方法**。它也定義了泛函介面這個名詞，並解釋為何它是瞭解 lambda 表達式的關鍵。
- **第二章「*Java.util.function* 套件」**將說明 Java 8 新增的 `java.util.function` 套件。這個套件內的介面分為四種（consumer、supplier、predicate 與 function），供標準程式庫的其他部分使用。
- **第三章「串流」**會加入**串流**的概念，以及它們如何表示可用來轉換與篩選資料（而非迭代處理）的抽象。本章的訣竅會展示串流的 "map"、"filter" 與 "reduce" 概念。它們最終引出第九章談到的平行與並行概念。
- **第四章「比較器與收集器」**談論串流資料排序，以及將它們轉換成集合。本書也會討論分割與分群，它們可將一般被視為資料庫操作的事物轉換成簡單的程式庫呼叫。
- **第五章「串流、*Lambda* 與方法參考的問題」**是混合的一章，因為你現在已經知道如何使用 lambda、方法參考與串流，所以可以瞭解如何結合它們來處理有趣的問題。本章也會討論令人討厭的例外處理主題：惰性、延遲執行與 closure 組合等概念。
- **第六章「*Optional* 型態」**討論這個語言較具爭議性的新功能— `Optional` 型態。本章的訣竅會說明設計者希望你如何使用這種新型態，以及你該如何用它們來創建實例與從中取值。這一章也會回顧對於 `Optionals` 的 map 與 flat-map 操作的泛函概念，以及它們與對串流執行同一種操作的差異。
- **第七章「檔案 *I/O*」**會切換到輸入 / 輸出串流的實際主題（與泛函串流對照），以及在處理檔案與目錄時，展現泛函新概念的標準程式庫新功能。
- **第八章「*java.time* 套件」**將展示新的 Date-Time API 的基本知識，以及它們（終於）如何取代舊的 Date 與 Calendar 類別。新的 API 是以 Joda-Time 程式庫為基礎，它受到許多開發者多年使用經驗的支持，而且是用 java.time 套件來改寫的。坦白說，就算 Java 8 只新增這種功能，也值得你升級。
- **第九章「平行與並行」**會解決串流模型的隱含承諾之一：你可以使用一個方法呼叫式來將一個連續的串流改成平行，以充分利用機器上所有可用的處理器。並行是個龐大的主題，本章只討論當本益比划算時，可讓你輕鬆實驗與使用的 Java 程式庫新功能。

- **第十章**「*Java 9 的新增功能*」討論 Java 9 新增的許多改變，它預計在 2017 年 9 月 21 日發布。光是 Jigsaw 的細節就需要用整本書來說明，不過它的基本知識很簡單，本章將會說明。其他的訣竅會討論介面中的私用方法、被加入串流的新方法、收集器與 `Optional`，以及如何建立日期串流[2]。

- **附錄 A**「*泛型與 Java 8*」將討論 Java 的泛型功能。雖然泛型這項技術早在 1.5 版本就加入了，但多數的開發者只學到可讓程式動作所需的最少知識而已。你只要稍微看一下 Java 8 與 9 的 Javadocs，就知道這樣的日子已經過去了。附錄的目的，是告訴你如何閱讀與解讀 API，以瞭解更複雜的方法簽章。

這些章節以及訣竅本身，不需要以任何特定的順序來閱讀。它們是互補的，每一個訣竅的結尾都有其他訣竅的參考，但你可以從任何地方開始看。用章節來劃分是為了將相似的訣竅放在一起，但希望你在遇到任何問題時，可在訣竅間互相參考以解決問題。

本書編排方式

本書使用下列編排規則：

斜體字（*Italic*）或楷體字

代表新的術語、URL、電子郵件地址、檔案名稱及副檔名。

定寬字（`Constant width`）

代表程式，也在文章中代表程式元素，例如變數或函式名稱、資料庫、資料類型、環境變數、陳述式與關鍵字。

定寬粗體字（**`Constant width bold`**）

代表應由使用者逐字輸入的指令或其他文字。

定寬斜體字（*`Constant width italic`*）

代表應換成使用者提供的值，或依上下文而決定的值。

2 是的，我也希望能在第九章寫 Java 9，不過重新排列章節來滿足這種不重要的對稱性應該不是正確的做法。以這個註腳來表明我的心意就夠了。

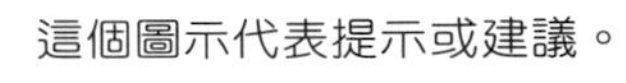
這個圖示代表提示或建議。

這個圖示代表一般注意事項。

這個圖示代表警告或小心。

使用範例程式

本書的原始程式位於三個 GitHub 存放區中：*https://github.com/kousen/java_8_recipes* 用來存放 Java 8 訣竅（除了第十章之外的各章），*https://github.com/kousen/java_9_recipes* 用來存放 Java 9 訣竅，而 *https://github.com/kousen/cfboxscores* 用來存放訣竅 9.7 這個特殊的大型範例 `CompletableFuture`。它們都被設置為 Gradle 專案，包含測試程式與組建檔。

本書的目的是協助你完成工作。在一般情況下，當這本書提供程式碼範例時，你可以在你的程式或文件中使用它。你不需要聯繫我們來取得許可，除非你修改了程式碼的重要部分。例如，使用這本書的程式碼片段來編寫程式不需要取得許可；販售或分發存有 O'Reilly 書中範例的 CD-ROM 需要取得許可，引用這本書的內容與範例程式碼來回答問題不需要取得許可；在你的產品文件中加入本書大量的程式碼需要取得許可。

如果你在引用它們時能標明出處，我們會非常感激（但不強制要求）。在指明出處時，內容通常包括標題、作者、出版社與國際標準書號。例如：“*Modern Java Recipes*，Ken Kousen 著 (O'Reilly)。Copyright 2017 Ken Kousen, 978-0-491-97317-2”。

如果你覺得自己使用範例程式的程度超出上述的允許範圍， 歡迎隨時與我們聯繫：*permissions@oreilly.com*。

致謝

本書是我在 2015 年 7 月底與 Jay Zimmerman 談話後，意外造成的結果。我當時是 No Fluff, Just Stuff（*http://nofluffjuststuff.com*）巡迴會議的成員（目前仍是），Venkat Subramaniam 在那一年發表許多 Java 8 演說。Jay 告訴我，Venkat 明年會減少他的活動，不知道我是否願意在 2016 年初的新一季舉辦類似的講座。我從 90 年代中期就開始編寫 Java 了（從 Java 1.0.6 開始使用），並且計畫無論如何都會學習新的 API，所以我同意了。

到目前為止，我已經用好幾年的時間來展示 Java 的新泛函功能。在 2016 年秋天，我完成了最後一本書[3]，所以想要為同一家出版社編寫另一本訣竅書，我當時愚蠢地認為這應該是個很輕鬆的專案。

科幻小說作者 Neil Gaiman 在完成 *American Gods* 之後，曾經說過一句著名的話：他當時以為他知道怎麼寫一本小說。他的朋友糾正他，說他現在已經知道如何寫這本小說了。現在我明白他的意思了。本書原本預計會有 25 到 30 個訣竅，大約有 150 頁。你現在手上的最終結果約莫 300 頁，超過 70 個訣竅。正因加入更多的訣竅與細節，所以這本書比我預期的還要有價值。

當然，我有很多得力的幫手。之前談到的 Venkat Subramaniam 提供特別多的協助，透過他的演講、他的書籍，以及私下討論。他也體貼地擔任本書的技術校閱，所以如果書中還有錯誤，都是他的錯。（不，是我的錯，不過不要告訴他我承認這一點。）

我也很感激 Tim Yates 經常協助我，他是我遇過最棒的程式寫手之一。我在 Groovy 社群中，透過他的作品認識他，但你可以從他的 Stack Overflow 評級看出，他的才能遠不止於此。Rod Hilton 是我在 NFJS 巡迴演說中展示 Java 8 時認識的，他也很親切地協助校閱。他們兩位都提供非常寶貴的建議。

3 *Gradle Recipes for Android*，也是 O'Reilly 媒體出版的，內容全部都在說明適用於 Android 專案的 Gradle 組建工具。

很幸運在進行兩本書、十幾部視訊課程，以及 Safari 線上訓練課程的過程中，與 O'Reilly Media 兩位傑出的編輯與員工合作。Brian Foster 總是持續不斷地提供支援，更不用提他打破官僚作風的神奇能力。我是在寫上一本書時認識他的，雖然他不是這本書的編輯，但他的協助與友誼在整個過程中對我來說非常寶貴。

我的編輯 Jeff Bleiel 非常體諒書的長度增加兩倍這件事，並提供所需的結構與組織來持續保持進度。很開心與他合作，希望將來可以繼續共事。

我要感謝 NFJS 巡迴的許多演說者同事不斷提出他們的看法與鼓勵，包括 Nate Schutta、Michael Carducci、Matt Stine、Brian Sletten、Mark Richards、Pratik Patel、Neal Ford、Craig Walls、Raju Gandhi、Kirk Knoernschild、Dan "the Man" Hinojosa 與 Janelle Klein。寫書與指導訓練課程（我實際的工作）都是孤獨的工作。擁有一群可以依賴，並聽取看法、建議，與進行各種娛樂的朋友與同事是很棒的事情。最後，我想要對我的太太 Ginger 與兒子 Xander 表達我所有的愛。如果沒有家庭的支持與關心，我不會成為今日的我，每經過一年，這個事實就愈明顯。我無法用言語來表達你們兩位對於我的意義。

第一章

基礎知識

Java 8 最大的改變是在這個語言中加入泛函（functional）程式設計的概念。具體來說，這種語言加入 lambda 表達式、方法參考與串流（stream）。

如果你還沒有用過泛函功能，或許會對目前的程式與 Java 舊版本之間的差異程度感到驚訝。Java 8 的改變是這個語言有史以來最大的變化。從許多方面來看，你會覺得自己學習的是全新的語言。

所以，你的問題會變成：為什麼要這樣做？為什麼要對一個已經 20 歲，而且還要規劃回溯相容性的語言做這麼劇烈的改變？為什麼要對一個從各種資訊來看，都已經相當成功的語言做這麼大幅度的修改？為什麼一個已經是有史以來最成功的物件導向語言，在多年之後要改為泛函模式？

答案是，軟體開發世界已經改變了，所以這個希望未來繼續成功的語言也必須改變。回到 90 年代中期，當 Java 還是嶄新的語言時，摩爾定律[1]仍然是完全有效的。你要做的事情，就是等待幾年，讓電腦的速度加倍。

現今的硬體已經不再依賴增加晶片密度來提升速度了。就連多數的手機都有多核心，代表你在編寫軟體時，應該要準備讓它可在多處理器環境中運行。強調“純”函式（收到相同的輸入會回傳相同的結果，沒有副作用）與不可變性的泛函做法，可簡化平行環境

1 由 Fairchild Semiconductor 與 Intel 的共同創辦人之一：Gordon Moore 提出，他發現可塞入積體電路的電晶體數量大概每 18 個月就會增加大約兩倍，因而提出這個定律。詳情請見 Wikipedia 的 Moore's law 項目（*https://en.wikipedia.org/wiki/Moore%27s_law*）。

的程式設計。當你的程式沒有任何共享、可變的狀態，而且可以分解為簡單的函式集合，就可更輕鬆地瞭解與預測它的行為。

但是，這本書談的不是 Haskell、Erlang、Frege 或任何其他泛函程式設計語言，它談的是 Java，以及對於一種基本上依然是物件導向語言的語言中加入泛函概念的改變。

Java 現在已經支援 lambda 表達式，它本質上是一種被視為一級物件的方法。這種語言也有方法參考，可讓你在準備接收 lambda 表達式的地方使用既有的方法。為了利用 lambda 表達式與方法參考，這個語言也加入一種串流模型，它可產生元素並透過轉換管道與篩選器來傳遞它們，而不需要修改原始的來源。

本章的訣竅將說明 lambda 表達式、方法參考與泛函介面的基本語法，以及這個語言對於介面的靜態與 default 方法的新支援。第三章將會詳細說明串流。

1.1 Lambda 表達式

問題

你想要在程式中使用 lambda 表達式。

解決方案

使用其中一種 lambda 表達式語法，並將結果指派給泛函介面型態的參考。

說明

*泛函介面*是擁有單一抽象方法（single abstract method，SAM）的介面。類別是藉由實作介面裡面的所有方法來實作任何介面的。這可以用頂級（top-level）類別、內部類別，甚至匿名內部類別都可以做這件事。

例如，考慮從 Java 1.0 就有的 `Runnable` 介面。它有單一抽象方法，稱為 `run`，這個方法不接收引數，且回傳 `void`。`Thread` 類別建構式會以引數接收 `Runnable`，範例 1-1 將示範一個匿名內部類別實作。

範例 1-1. Runnable 匿名內部類別實作

```
public class RunnableDemo {
    public static void main(String[] args) {
        new Thread(new Runnable() {  ❶
            @Override
            public void run() {
                System.out.println(
                    "inside runnable using an anonymous inner class");
            }
        }).start();
    }
}
```

❶ 匿名內部類別

匿名內部類別語法是由單字 `new` 以及後面的 `Runnable` 介面名稱與括號組成的，意味著你定義的是一個實作了該介面，但沒有明確名稱的類別。接著大括號（`{}`）內的程式會覆寫 `run` 方法，它的工作只是將一個字串印到主控台上。

範例 1-2 的程式是使用 lambda 表達式的同一個範例。

範例 1-2. 在 Thread 建構式內使用 lambda 表達式

```
new Thread(() -> System.out.println(
    "inside Thread constructor using lambda")).start();
```

這個語法使用箭頭將引數（因為這裡沒有引數，所以只有一對空括號）與內文隔開。這個範例的內文只有一行，所以不需要大括號。這就是 lambda 表達式。表達式算出來的值都會被自動回傳。在此範例中，因為 `println` 會回傳 `void`，所以表達式也會回傳 `void`，這符合 `run` 方法的回傳型態。

lambda 表達式的引數型態與回傳型態必須符合介面唯一的抽象方法的簽章。這稱為與方法簽章**相容**。因而，lambda 表達式就是介面方法的實作，你也可以將它指派給該介面型態的參考。

範例 1-3 是將 lambda 指派給一個變數的情形。

範例 1-3. 將 lambda 表達式指派給變數

```
Runnable r = () -> System.out.println(
    "lambda expression implementing the run method");
new Thread(r).start();
```

Java 程式庫沒有名為 Lambda 的類別。你只能將 lambda 表達式指派給泛函介面參考。

將 lambda 指派給泛函介面代表：lambda 是介面唯一的抽象方法的實作。你可以將 lambda 當成介面的匿名內部類別之實作內容。這就是 lambda 必須與抽象方法相容的原因；它的引數型態與回傳型態必須匹配方法的簽章。但是，應該注意的是實作方法的名稱並不重要，它不會在 lambda 表達式語法中的任何地方出現。

因為 `run` 方法不接收引數，且回傳 `void`，所以這個範例特別簡單。我們來探討泛函介面 `java.io.FilenameFilter`，它從第 1.0 版開始也屬於 Java 標準程式庫。`File.list` 方法會將 `FilenameFilter` 的實例當成引數，來將回傳的檔案限制成只含有滿足這個方法的檔案。

Javadoc 指出，`FilenameFilter` 類別有單一抽象方法 `accept`，它的簽章是：

```
boolean accept(File dir, String name)
```

`File` 引數是準備從中尋找檔案的目錄，`String name` 是檔案的名稱。

範例 1-4 使用一個匿名內部類別實作 `FilenameFilter`，它只會回傳 Java 原始檔案。

範例 1-4. 使用匿名內部類別實作 FilenameFilter

```
File directory = new File("./src/main/java");

String[] names = directory.list(new FilenameFilter() {  ❶
    @Override
    public boolean accept(File dir, String name) {
        return name.endsWith(".java");
    }
});
System.out.println(Arrays.asList(names));
```

❶ 匿名內部類別

在這個範例中，當檔名的結尾是 *.java* 時，`accept` 方法會回傳 true，否則 false。

範例 1-5 是 lambda 表達式版本。

範例 1-5. 以 lambda 表達式實作 FilenameFilter

```
File directory = new File("./src/main/java");

String[] names = directory.list((dir, name) -> name.endsWith(".java"));  ❶
    System.out.println(Arrays.asList(names));
}
```

❶ Lambda 表達式

這段程式簡單多了。這次在括號裡面有引數，但沒有宣告型態。在編譯階段，編譯器知道 `list` 方法會接收 `FilenameFilter` 型態的引數，因而知道它唯一的抽象方法（`accept`）的簽章，因此也知道 `accept` 的引數是一個 `File` 與一個 `String`，所以相容的 lambda 表達式引數必須匹配這些型態。`accept` 的回傳型態是布林，所以箭頭右邊的表達式也必須回傳布林。

你也可以在程式中指定資料型態，如範例 1-6 所示。

範例 1-6. 明確使用資料型態的 lambda 表達式

```
File directory = new File("./src/main/java");

String[] names = directory.list((File dir, String name) ->  ❶
    name.endsWith(".java"));
```

❶ 明確指定資料型態

最後，如果 lambda 的實作需要多行程式，你必須使用大括號以及一個 return 陳述式，如範例 1-7 所示。

範例 1-7. lambda 區塊

```
File directory = new File("./src/main/java");

String[] names = directory.list((File dir, String name) -> {  ❶
    return name.endsWith(".java");
});
System.out.println(Arrays.asList(names));
```

❶ 區塊語法

這稱為 lambda 區塊。在這個範例中，內文仍然只有一行，但大括號可讓你加入多行陳述式。現在它需要使用 `return` 關鍵字。

lambda 表達式永遠不會單獨存在。表達式永遠都有一個 *context*（指上下文、前後關係，爾後直接使用 context），指出這個表達式會被指派給哪個泛函介面。你可以將 lambda 當成方法的引數、方法的回傳型態，或將它指派給一個參考，在這些情況下，賦值的型態必須是泛函介面。

1.2 方法參考

問題

你想要使用方法參考來存取既有的方法，並將它視為 lambda 表達式。

解決方案

使用雙冒號語法將實例參考或類別名稱與方法隔開。

說明

如果 lambda 表達式實質上將方法視為物件，則方法參考是將既有的方法視為 lambda。

例如，`Iterable` 的 `forEach` 方法會接收 `Consumer` 引數。範例 1-8 為展示 `Consumer` 可用 lambda 表達式或方法參考實作。

範例 1-8. 使用方法參考存取 println

```
Stream.of(3, 1, 4, 1, 5, 9)
        .forEach(x -> System.out.println(x));       ❶

Stream.of(3, 1, 4, 1, 5, 9)
        .forEach(System.out::println);              ❷

Consumer<Integer> printer = System.out::println;    ❸
Stream.of(3, 1, 4, 1, 5, 9)
        .forEach(printer);
```

❶ 使用 lambda 表達式

❷ 使用方法參考

❸ 將方法參考指派給泛函介面

雙冒號語法可提供 `System.out` 實例的 `println` 方法之參考，也就是 `PrintStream` 型態的參考。方法參考的結尾不用放上括號。在這個範例中，串流的每一個元素都會被印到標準輸出上[2]。

如果你寫的 lambda 表達式是由一行呼叫某個方法的程式所構成，可考慮改用等效的方法參考。

方法參考有一些（小）優點是 lambda 語法沒有的。首先，它往往比較短，其次，它通常有該方法的類別名稱，可讓程式更容易讓人理解。

方法參考也可以用於靜態方法，如範例 1-9 所示。

範例 1-9. 使用靜態方法的方法參考

```
Stream.generate(Math::random)              ❶
        .limit(10)
        .forEach(System.out::println); ❷
```

❶ 靜態方法

❷ 實例方法

`Stream` 的 `generate` 方法會接收 `Supplier` 引數，它是個泛函介面，介面唯一的抽象方法不接收引數，並且會產生一個結果。`Math` 類別的 `random` 方法與該簽章相容，因為它也不接收引數，並且可產生一個介於 0 與 1 間均勻分布的偽亂數 double。方法參考 `Math::random` 代表該方法是 `Supplier` 介面的實作。

因為 `Stream.generate` 會產生一個無限的串流，我們用 `limit` 方法來確保它只產生 10 個值，接著使用 `System.out::println` 方法參考當成 `Consumer` 的實作，將值印至標準輸出。

---

2 我們很難在不討論串流的情況下討論 lambda 或方法參考，稍後我會專門用一章來討論串流。你只要先知道，串流會依序產生一系列的元素，且不會將它們儲存在任何地方，也不會修改原始來源。

語法

方法參考的語法有三種形式，其中一種可能會造成誤解：

`object::instanceMethod`

　　使用你提供的物件之參考，來參考一個實例方法，例如 `System.out::println`

`Class::staticMethod`

　　參考靜態方法，例如 `Math::max`

`Class::instanceMethod`

　　呼叫 context 提供的物件參考裡面的實例方法，例如 `String::length`

最後一個案例是會令人困惑的一種，因為身為 Java 開發者，我們已經習慣看到藉由類別名稱來呼叫靜態方法。之前提過 lambda 表達式與方法參考永遠不會單獨存在，它一定有個 context。在物件參考的案例中，context 會提供引數給方法。在列印的範例中，等效的 lambda 表達式是（如範例 1-8 的 context 所示）：

```
// 相當於 System.out::println
x -> System.out.println(x)
```

context 提供 `x` 的值，它會被當成方法引數使用。

這個情況類似靜態的 `max` 方法：

```
// 相當於 Math::max
(x,y) -> Math.max(x,y)
```

現在 context 需要提供兩個引數，lambda 會回傳較大的那一個。

“透過類別名稱來指定實例方法” 這種語法要用不同的方式來解釋。它的等效 lambda 是：

```
// 相當於 String::length
x -> x.length()
```

這一次，context 提供的 x 會被當成方法的目標來使用，而非當成引數。

如果你要參考的是透過類別名稱來接收多個引數的方法，則 context 提供的第一個元素會變成目標，其餘的元素會變成方法的引數。

見範例 1-10。

範例 1-10. 用類別參考呼叫有多個引數的實例方法

```
List<String> strings =
    Arrays.asList("this", "is", "a", "list", "of", "strings");
List<String> sorted = strings.stream()
        .sorted((s1, s2) -> s1.compareTo(s2))  ❶
        .collect(Collectors.toList());

List<String> sorted = strings.stream()
        .sorted(String::compareTo)             ❶
        .collect(Collectors.toList());
```

❶ 方法參考與等效的 lambda

`Stream` 的 `sorted` 方法會接收 `Comparator<T>` 引數，它唯一的抽象方法是 `int compare(String other)`。`sorted` 方法會提供各對字串給比較器（comparator），並根據回傳的整數符號來排序它們。在這裡，context 是每一對字串。使用類別名稱 `String` 的方法參考會對第一個元素（lambda 表達式的 `s1`）呼叫 `compareTo` 方法，並將第二個元素 `s2` 當成方法的引數。

在處理串流時，當你要處理一系列的輸入時，經常會在方法參考內使用類別名稱來存取實例方法。範例 1-11 展示如何對串流的每一個 `String` 呼叫 `length` 方法。

範例 1-11. 使用方法參考來對 String 呼叫 length 方法

```
Stream.of("this", "is", "a", "stream", "of", "strings")
        .map(String::length)             ❶
        .forEach(System.out::println);   ❷
```

❶ 使用類別名稱的實例方法

❷ 使用物件參考的實例方法

這個範例會呼叫 `length` 方法來將每一個字串轉換成一個整數，並印出每一個結果。

方法參考基本上是 lambda 的縮寫語法。lambda 表達式比較常見，因為每一個方法參考都有一個等效的 lambda 表達式，但反過來並非如此。範例 1-12 使用範例 1-11 中的方法參考的等效 lambda。

範例 1-12. 方法參考的等效 lambda 表達式

```
Stream.of("this", "is", "a", "stream", "of", "strings")
        .map(s -> s.length())
        .forEach(x -> System.out.println(x));
```

如同所有 lambda 表達式，context 至關重要。如果你不確定做法，也可以在方法參考的左邊使用 `this` 或 `super`。

參見

你也可以使用方法參考語法呼叫建構式。建構式參考是訣竅 1.3 的主題。第二章將會說明泛函介面套件，包括這個訣竅談到的 `Supplier` 介面。

1.3 建構式參考

問題

你想要在串流管道中，使用方法參考來實例化一個物件。

解決方案

在方法參考中使用 `new` 關鍵字。

說明

當人們談到 Java 8 新增的語法時，指的都是 lambda 表達式、方法參考與串流。例如，假設你有一份名單，相要將它們轉換成人名串列。範例 1-13 的程式段落是其中一種做法。

範例 1-13. 將一份名單轉換成名稱串列

```
List<String> names = people.stream()
    .map(person -> person.getName())  ❶
    .collect(Collectors.toList());

// 或者

List<String> names = people.stream()
    .map(Person::getName)             ❷
    .collect(Collectors.toList());
```

❶ Lambda 表達式

❷ 方法參考

如果你想要採取其他的方式呢？如果你有一個字串串列，想要用它來建立一個 `Person` 參考的串列？此時，你可以使用方法參考，但是這次要使用關鍵字 `new`。這種語法稱為**建構式參考**（*constructor reference*）。

為了展示它的用法，我們從 `Person` 類別看起，它是你想像得到最簡單的 Plain Old Java Object（POJO）。範例 1-14 中，它的工作只是包裝一個簡單的字串屬性 `name`。

範例 1-14. Person 類別

```
public class Person {
    private String name;

    public Person() {}

    public Person(String name) {
        this.name = name;
    }

    // getters 與 setters ...

    // equals、hashCode、與 toString 方法 ...
}
```

當你取得一個字串集合之後，可以使用 lambda 表達式或建構式參考將每一個字串對映到 `Person`，如範例 1-15 所示。

範例 *1-15.* 將字串轉換成 *Person* 實例

```
List<String> names =
    Arrays.asList("Grace Hopper", "Barbara Liskov", "Ada Lovelace",
        "Karen Sparck Jones");

List<Person> people = names.stream()
    .map(name -> new Person(name))  ❶
    .collect(Collectors.toList());

// 或者

List<Person> people = names.stream()
    .map(Person::new)               ❷
    .collect(Collectors.toList());
```

❶ 使用 lambda 表達式呼叫建構式

❷ 使用建構式參考實例化 `Person`

語法 `Person::new` 代表的是 `Person` 類別的建構式。如同所有的 lambda 表達式，context 會決定該執行哪個建構式。因為 context 提供字串，所以它執行的是有一個引數的 `String` 建構式。

複製建構式

複製建構式會接收 `Person` 引數，並回傳一個擁有相同屬性的新 `Person`，如範例 1-16 所示。

範例 *1-16. Person* 的複製建構式

```
public Person(Person p) {
    this.name = p.name;
}
```

當你想要將串流程式與原始實例分開，這種方法相當方便。例如，如果你已經有一個人名串列，將這個串列轉換成串流，再轉換回串列時，參考會是相同的（見範例 1-17）。

範例 1-17. 將串列轉換成串流，並轉換回去

```
Person before = new Person("Grace Hopper");

List<Person> people = Stream.of(before)
    .collect(Collectors.toList());
Person after = people.get(0);

assertTrue(before == after);                          ❶

before.setName("Grace Murray Hopper");                ❷
assertEquals("Grace Murray Hopper", after.getName()); ❸
```

❶ 同一個物件

❷ 使用 `before` 參考改變名稱

❸ 在 `after` 參考中，名稱已經改變了

你可以使用複製建構式打斷這個關係，如範例 1-18 所示。

範例 1-18. 使用複製建構式

```
people = Stream.of(before)
    .map(Person::new)               ❶
    .collect(Collectors.toList());
after = people.get(0);
assertFalse(before == after);       ❷
assertEquals(before, after);        ❸

before.setName("Rear Admiral Dr.Grace Murray Hopper");
assertFalse(before.equals(after));
```

❶ 使用複製建構式

❷ 不同的物件

❸ 但是是等效的

這一次，當我們呼叫 `map` 方法時，context 是 `Person` 實例的串流。因此 `Person::new` 語法會呼叫接收 `Person` 的建構式，並回傳新的、等效的實例，並且打斷 *before* 參考與 *after* 參考之間的連結[3]。

Varargs 建構式

接下來探討有一個 varargs 建構式被加入 `Person` POJO，如範例 1-19 所示。

範例 1-19. 接收可變長度引數 String 串列的 Person 建構式

```
public Person(String... names) {
    this.name = Arrays.stream(names)
                      .collect(Collectors.joining(" "));
}
```

這個建構式可接收零或多個字串引數，並用一個空格作為分隔符號，來將它們串在一起。

該怎麼呼叫這個建構式？任何傳遞以逗號分隔零或多個字串引數的使用方都可呼叫它。其中一種做法是使用 `String` 的 `split` 方法來接收一個分隔符號，並回傳一個 `String` 陣列：

```
String[] split(String delimiter)
```

因此，範例 1-20 的程式會將串列內的每一個字串拆為個別的單字，並呼叫 varargs 建構式。

範例 1-20. 使用 varargs 建構式

```
names.stream()                         ❶
    .map(name -> name.split(" "))      ❷
    .map(Person::new)                  ❸
    .collect(Collectors.toList());     ❹
```

❶ 建立字串的串流

❷ 對應至字串陣列的串流

❸ 對應至 `Person` 的串流

❹ 收集至 `Person` 的串列

3 我將 Admiral Hopper 當成物件沒有不尊重的意思。毫無疑問，她依然可以輕鬆地打敗我。她在 1992 年去世。

這一次，含有 Person::new 建構式參考的 map 方法的 context 是字串陣列的串流，所以 varargs 建構式會被呼叫。如果你在建構式加入一個簡單的列印陳述式：

```
System.out.println("Varargs ctor, names=" + Arrays.toList(names));
```

結果會是：

```
Varargs ctor, names=[Grace, Hopper]
Varargs ctor, names=[Barbara, Liskov]
Varargs ctor, names=[Ada, Lovelace]
Varargs ctor, names=[Karen, Sparck, Jones]
```

陣列

建構式參考也可以與陣列一起使用。如果你想要一個 Person 實例的陣列，Person[]，而非串列，可使用 Stream 的 toArray 方法，它的簽章是：

```
<A> A[] toArray(IntFunction<A[]> generator)
```

這個方法使用 A 來代表儲存串流元素的回傳陣列之泛型型態，它是用你提供的產生器函式（generator function）建立的。最酷的是，你也可以使用建構式參考，如範例 1-21 所示。

範例 1-21. 建立 Person 參考的陣列

```
Person[] people = names.stream()
    .map(Person::new)          ❶
    .toArray(Person[]::new);   ❷
```

❶ Person 的建構式參考

❷ Person 陣列的建構式參考

toArray 方法引數會建立一個適當大小的 Person 參考之陣列，並對它填入已被實例化的 Person 實例。

建構式參考只是透過另一種名稱來使用的方法參考，以單字 new 來呼叫建構式。一如往常，它的建構式是由 context 決定的。當你要處理串流時，這項技術可提供許多彈性。

參見

於訣竅 1.2 討論方法參考。

1.4 泛函介面

問題

你想要使用既有的泛函介面，或編寫你自己的。

解決方案

建立一個有單一抽象方法的介面，並加上 `@FunctionalInterface` 註釋。

說明

Java 8 的泛函介面是有單一抽象方法的介面。因此，它可成為 lambda 表達式或方法參考的目標。

`abstract` 這個字有重要的意義。於 Java 8 之前，在預設情況下，介面中的所有方法都會被視為抽象的，所以你並不需要加上這個關鍵字。

例如，範例 1-22 是 `PalindromeChecker` 介面的定義。

範例 *1-22.* 回文檢查器介面

```
@FunctionalInterface
public interface PalindromeChecker {
    boolean isPalidrome(String s);
}
```

介面內的所有方法都是 `public`[4]，所以可以省略存取修飾子（access modifier），如同省略 `abstract` 關鍵字。

4　至少在 Java 9 之前，介面內也可使用 `private` 方法。詳情見訣竅 10.2。

因為這個介面只有一個抽象方法，所以它是泛函介面。Java 8 的 `java.lang` 套件提供一種名為 `@FunctionalInterface` 的註釋，你可以像這個範例一樣，將它套用到介面上。

這個註釋不是必要的，但是基於兩個原因，使用它是件好事。首先，它會在編譯階段觸發檢查，來檢查介面是否滿足需求。如果介面有零個或多於一個抽象方法，你就會看到編譯階段錯誤。

另一個添加 `@FunctionalInterface` 註釋的好處是，它會在 Javadocs 中生成以下的聲明：

```
Functional Interface:
This is a functional interface and can therefore be used as the assignment
target for a lambda expression or method reference.
```

泛函介面也可以擁有 `default` 與 `static` 方法。預設與靜態方法都有實作，所以它們不違反單一抽象方法的要求。見範例 1-23。

範例 1-23. MyInterface 是個擁有靜態與 default 方法的泛函介面

```
@FunctionalInterface
public interface MyInterface {
   int myMethod();           ❶
   // int myOtherMethod(); ❷

   default String sayHello() {
      return "Hello, World!";
   }

   static void myStaticMethod() {
      System.out.println("I'm a static method in an interface");
   }
}
```

❶ 單一抽象方法

❷ 如果你加入這個方法，它就不是泛函介面了

請注意，如果你加入被標為註解的方法 `myOtherMethod`，這個介面就再也不滿足泛函介面的需求了。註釋會產生 "multiple non-overriding abstract methods found" 錯誤。

介面可以擴展其他的介面，甚至超過一個。註釋會檢查目前的介面。所以如果有一個介面擴展既有的泛函介面，並加入另一個抽象介面，它本身就不是個泛函介面。見範例 1-24。

範例 1-24. 擴展泛函介面—它再也不是泛函了

```
public interface MyChildInterface extends MyInterface {
    int anotherMethod(); ❶
}
```

❶ 額外的抽象方法

`MyChildInterface` 不是泛函介面，因為它有兩個抽象方法：繼承 `MyInterface` 的 `myMethod`，以及它宣告的 `anotherMethod`。如果沒有 `@FunctionalInterface`，它可以通過編譯，因為它是標準的介面，但是它不能成為 lambda 表達式的目標。

有一種邊際情況也應該要留意。`Comparator` 是用來排序的介面，其他的訣竅會談到它。當你查看該介面的 Javadocs 並選擇 Abstract Methods 標籤時，可看到圖 1-1 的方法。

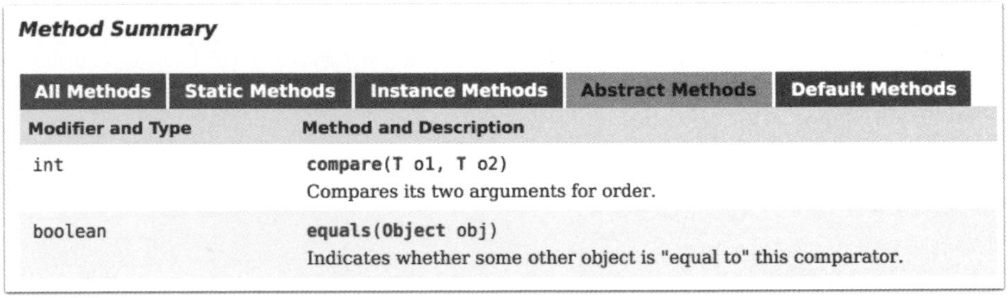

Method Summary

All Methods | Static Methods | Instance Methods | Abstract Methods | Default Methods

Modifier and Type	Method and Description
int	**compare(T o1, T o2)** Compares its two arguments for order.
boolean	**equals(Object obj)** Indicates whether some other object is "equal to" this comparator.

圖 1-1. Comparator 類別的抽象方法

等一下，什麼？為什麼它有兩抽象方法可成為泛函介面，尤其是，其中一個其實是在 `java.lang.Object` 中實作的？

其實，這是合法的。你可以在介面中將 `Object` 的方法宣告為抽象，但這不會讓它們變成抽象的。通常這樣做的目的，是為了加入用來解釋介面合約的文件。就 `Comparator` 的案例而言，合約是：當兩個元素讓 `equals` 方法回傳 `true` 時，`compare` 方法應回傳零。在 `Comparator` 加入 `equals` 方法可讓相關的 Javadocs 解釋它。

泛函介面的規則指出，`Object` 的方法不受單一抽象方法的約束，所以 `Comparator` 仍然是個泛函介面。

參見

訣竅 1.5 會討論介面的 default 方法，訣竅 1.6 會討論介面的靜態方法。

1.5 介面內的 default 方法

問題

你想要在介面內提供方法的實作。

解決方案

對介面方法使用關鍵字 `default`，並用一般方式來加入實作。

說明

Java 不支援多重繼承的傳統理由是所謂的**鑽石問題**。假設你有個如圖 1-2 所示的繼承結構（略似 UML）。

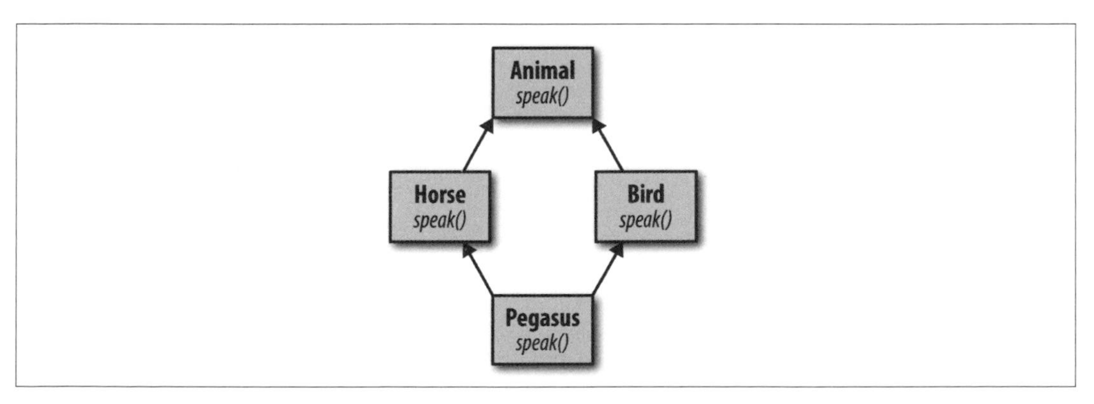

圖 1-2. 動物繼承

類別 `Animal` 有兩個子類別：`Bird` 與 `Horse`，它們都覆寫 `Animal` 的 `speak` 方法，在 `Horse` 中，叫聲是 "whinny"，在 `Bird` 中，叫聲是 "chirp"。那麼，`Pegasus`（多重繼承 `Horse`

與 Bird）[5] 會怎麼叫？當你將 Animal 型態的參考指派給 Pegasus 實例時會發生什麼事？此時 speak 方法會回傳什麼？

```
Animal animal = new Pegaus();
animal.speak(); // whinny、chirp，還是其他叫聲？
```

不同的語言採取不同的方式來處理這個問題。例如，C++ 允許多重繼承，但如果類別繼承的東西與實作衝突，它就無法編譯 [6]。在 Eiffel[7]，編譯器可讓你選擇想要採用的實作。

Java 的做法是禁止多重繼承，如果類別與超過一個型態有“某種”關係時，會將介面當成變通方式來使用。因為介面只有抽象方法，所以沒有可能會造成衝突的實作。介面可以用來做多種繼承，不過同樣的，這之所以可行，是因為只有方法簽章被繼承。

問題在於，當你無法在介面中實作方法時，就會產生某種不方便的設計。例如，在 java.util.Collection 介面中的方法有：

```
boolean isEmpty()
int     size()
```

當集合中沒有元素時，isEmpty 會回傳 true，否則 false。size 方法會回傳集合中的元素數量。無論底層如何實作，你都可以立刻用 size 來實作 isEmpty 方法，如範例 1-25 所示。

範例 1-25. 使用 size 實作 isEmpty

```
public boolean isEmpty() {
    return size() == 0;
}
```

因為 Collection 是個介面，你無法在介面本身裡面做這件事。標準程式庫含有一個名為 java.util.AbstractCollection 的抽象方法，它裡面有這裡展示的 isEmpty 實作及其他的方法。如果你要建立自己的集合實作，而且還沒有超類別，可擴展 AbstractCollection 以免費取得 isEmpty 方法。如果你已經有超類別了，就必須實作 Collection 介面，並記得提供你自己的 isEmpty 及 size 實作。

5　“一匹有顆鳥腦袋的駿馬。”（迪士尼的 *Hercules* 電影，如果你假裝沒聽過希臘神話，且不認識 Hercules，這是一部有趣的電影。）

6　這可以使用虛擬繼承來解決，但仍然是個問題。

7　Eiffel 是其中一種物件導向程式基本語言，不過它有一個難以理解的文獻可供你參考。見 Meyer 的 *Object-Oriented Software Construction*，第二版（Prentice Hall, 1997）。

資深的 Java 開發者都很熟悉它們，但在 Java 8，情況已經改變了。現在你可以在介面方法中加入實作。你只要為方法加上關鍵字 `default` 並提供實作即可。範例 1-26 的程式是一個同時擁有抽象與 default 方法的介面。

範例 1-26. 有一個 default 方法的 Employee 介面

```
public interface Employee {
    String getFirst();

    String getLast();

    void convertCaffeineToCodeForMoney();

    default String getName() {  ❶
        return String.format("%s %s", getFirst(), getLast());
    }
}
```

❶ 具備實作的 default 方法

`getName` 方法使用關鍵字 `default`，而且它的實作使用該介面其他的抽象方法，`getFirst` 與 `getLast`。

Java 有許多既有的介面都會使用 default 方法來做改善，以維持回溯相容性。當你在介面中加入新方法時，通常都會破壞所有既有的實作。藉由使用 default 加入新方法，讓所有的既有實作都可繼承新方法，且仍然可以動作。這讓程式庫的維護者在為整個 JDK 添加新 default 方法時，不會破壞既有的實作。

例如，現在 `java.util.Collection` 有以下的 default 方法：

```
default boolean        removeIf(Predicate<? super E> filter)
default Stream<E>      stream()
default Stream<E>      parallelStream()
default Spliterator<E> spliterator()
```

`removeIf` 方法會將集合中滿足 `Predicate`[8] 引數的所有元素移除，若有任何元素被移除，則回傳 true。`stream` 與 `parallelStream` 方法都是建立串流的工廠方法。`spliterator` 方法會從實作 `Spliterator` 介面的類別回傳一個物件，這個物件可用來遍歷來源並分割元素。

8　`Predicate` 是 `java.util.function` 套件的一種新泛函介面，訣竅 2.3 會詳細說明。

default 方法的用法與其他方法相同，如範例 1-27 所示。

範例 1-27. 使用 default 方法

```
List<Integer> nums = Arrays.asList(3, 1, 4, 1, 5, 9);
boolean removed = nums.removeIf(n -> n <= 0); ❶
System.out.println("Elements were " + (removed ? "" :"NOT") + " removed");
nums.forEach(System.out::println);           ❷
```

❶ 使用 `Collection` 的 `default` 方法 `removeIf`

❷ 使用 `Iterator` 的 `default` 方法 `forEach`

當一個類別實作了兩個含有相同的 default 方法的介面時，會發生什麼事情？這是訣竅 5.5 的主題，但簡單來說，當類別實作了方法本身時，一切都沒問題。詳情見訣竅 5.5。

參見

訣竅 5.5 會說明當一個類別實作多個有 default 方法的介面時之規則。

1.6 介面中的靜態方法

問題

你想要在介面中加入類別層級的方法及其實作。

解決方案

讓方法成為 `static`，並以一般的方式提供實作。

說明

Java 類別的靜態成員是類別層級的，代表它們是與類別相關的，而不與特定的實例相關。從設計觀點來看，這會讓你在介面中使用它們時出現一些問題，這些問題包括：

- 如果有許多不同的類別實作了介面，類別層級的成員代表什麼？
- 類別是否需要實作介面才能使用靜態方法？
- 類別的靜態方法是藉由類別名稱來使用的。當類別實作了一個介面時，靜態方法要用類別名稱來呼叫，還是用介面名稱？

Java 的設計師已經使用各種不同的方式來處理這些問題了。在 Java 8 之前，他們的做法是完全不容許介面擁有靜態成員。

但是，不幸的是，這導致**工具**（*utility*）類別的產生，也就是只含有靜態方法的類別。典型的案例是 `java.util.Collections`，它含有用來排序與搜尋的方法、使用 synchronized 或不可改變（unmodifiable）的型態來包裝集合的方法，以及其他方法。另一個案例是 NIO 套件的 `java.nio.file.Paths`。它裡面只有將字串或 URI 解析成 `Path` 實例的靜態方法。

在 Java 8，你可以隨時將靜態方法加到介面上。它的要求是：

- 為方法加上 `static` 關鍵字。
- 提供實作（不能被覆寫）。透過這種方式，它們就像 `default` 方法，並且會被納入 Javadocs 的 default 標籤裡。
- 以介面名稱來使用方法。類別**不需要**為了使用介面的靜態方法而實作介面。

`java.util.Comparator` 的 `comparing` 方法以及它的基本型態版本 `comparingInt`、`comparingLong` 與 `comparingDouble` 都是方便的介面靜態方法。`Comparator` 介面也有靜態方法 `naturalOrder` 與 `reverseOrder`。範例 1-28 是它們的用法。

範例 1-28. 排序字串

```
List<String> bonds = Arrays.asList("Connery", "Lazenby", "Moore",
    "Dalton", "Brosnan", "Craig");

List<String> sorted = bonds.stream()
    .sorted(Comparator.naturalOrder())      ❶
    .collect(Collectors.toList());
// [Brosnan, Connery, Craig, Dalton, Lazenby, Moore]
```

```
sorted = bonds.stream()
    .sorted(Comparator.reverseOrder())     ❷
    .collect(Collectors.toList());
// [Moore, Lazenby, Dalton, Craig, Connery, Brosnan]

sorted = bonds.stream()
    .sorted(Comparator.comparing(String::toLowerCase))     ❸
    .collect(Collectors.toList());
// [Brosnan, Connery, Craig, Dalton, Lazenby, Moore]

sorted = bonds.stream()
    .sorted(Comparator.comparingInt(String::length))     ❹
    .collect(Collectors.toList());
// [Moore, Craig, Dalton, Connery, Lazenby, Brosnan]

sorted = bonds.stream()
    .sorted(Comparator.comparingInt(String::length)     ❺
        .thenComparing(Comparator.naturalOrder()))
    .collect(Collectors.toList());
// [Craig, Moore, Dalton, Brosnan, Connery, Lazenby]
```

❶ 自然順序（字典順序）

❷ 反向字典順序

❸ 以小寫名稱排序

❹ 以名稱長度排序

❺ 以長度排序，相同長度採字典順序

這個範例展示如何使用 Comparator 的靜態方法排序歷年來演過 James Bond 的演員名單[9]。訣竅 4.1 會進一步討論 Comparator。

介面的靜態方法可省去建立各個工具類別的需求，不過如果你有設計上的需求，仍然可採取原本的做法。

9 我極度渴望將 Idris Elba 加入這份名單，但還不夠幸運。

需要記住的重點有：

- 靜態方法必須有實作
- 你不能覆寫靜態方法
- 用介面名稱呼叫靜態方法
- 你不需要為了使用介面的靜態方法而實作介面

參見

本書經常會使用介面的靜態方法，不過訣竅 4.1 會討論這裡使用的 `Comparator` 內的靜態方法。

java.util.function 套件

上一章討論了 lambda 表達式與方法參考的基本語法。它們有一個基本原則，就是一定會有個 context。Lambda 表達式與方法參考一定會被指派給泛函介面，介面提供了將要實作的單一抽象方法的資訊。

雖然 Java 標準程式庫的許多介面都只有一個抽象方法，泛函介面也是如此，但有一種新的套件，是專門用來存放會被程式庫其他部分重複使用的泛函介面。這個套件稱為 `java.util.function`。

`java.util.function` 的介面有四種：（1）取用者（consumers）、（2）供應者（suppliers）、（3）條件敘述（predicates），與（4）函式（functions）。取用者會接收一個泛型引數，且不會回傳任何東西。供應者不接收引數，會回傳一個值。條件敘述會接收一個引數並回傳一個布林值。函式會接收一個引數，並回傳一個值。

這些基本介面都有一些相關的介面。例如，`Consumer` 有一些為基本型態設計的版本（`IntConsumer`、`LongConsumer` 與 `DoubleConsumer`），以及一個接收兩個引數並回傳 `void` 的版本（`BiConsumer`）。

雖然根據定義，本章的介面只有一個抽象方法，但多數的介面也有其他的方法，它們可能是 `static` 或 `default` 的方法。熟悉這些方法可讓你的開發工作更輕鬆。

2.1 取用者

問題

你想要寫一些實作 `java.util.function.Consumer` 套件的 lambda 表達式。

解決方案

使用 lambda 表達式或方法參考實作 `void accept(T t)` 方法。

說明

`java.util.function.Consumer` 介面有單一抽象方法，`void accept(T t)`。見範例 2-1。

範例 2-1. java.util.function.Consumer 內的方法

```
        void        accept(T t)                          ❶
default Consumer<T> andThen(Consumer<? super T> after) ❷
```

❶ 單一抽象方法

❷ 用來組合的 default 方法

`accept` 方法會接收一個泛型引數，並回傳 `void`。最常見的，會接收 `Consumer` 引數的方法是 `java.util.Iterable` 的 default 方法 `forEach`，見範例 2-2。

範例 2-2. Iterable 的 forEach 方法

```
default void forEach(Consumer<? super T> action)  ❶
```

❶ 將可迭代集合的每一個元素傳給取用者引數

所有實作這個介面的線性集合，都會對集合的每一個元素執行指定的動作，如範例 2-3 所示。

範例 2-3. 印出集合的元素

```
List<String> strings = Arrays.asList("this", "is", "a", "list", "of", "strings");

strings.forEach(new Consumer<String>() {        ❶
    @Override
    public void accept(String s) {
        System.out.println(s);
    }
});

strings.forEach(s -> System.out.println(s));  ❷
strings.forEach(System.out::println);         ❸
```

❶ 匿名的內部類別實作

❷ lambda 表達式

❸ 方法參考

lambda 表達式符合 `accept` 方法的簽章，因為它會接收一個引數，且不回傳任何東西。透過 `System.out` 呼叫的 `PrintStream` 之 `println` 方法與 `Consumer` 相容。因此，它們都可以當成 `Consumer` 型態的引數之目標。

`java.util.function` 套件也有 `Consumer<T>` 的基本型態版本，以及兩個引數的版本。詳情見表 2-1。

表 2-1. 其他的 Consumer 介面

介面	單一抽象方法
`IntConsumer`	`void accept(int x)`
`DoubleConsumer`	`void accept(double x)`
`LongConsumer`	`void accept(long x)`
`BiConsumer`	`void accept(T t, U u)`

取用者預期是透過副作用（side effect）來操作的，見訣竅 2.3。

BiConsumer 介面有一個接收兩個泛型引數的 accept 方法，它們屬於不同的型態。這個套件有 BiConsumer 的另外三種版本，它們的第二個引數是基本型態。其中一種是 ObjIntConsumer，它的 accept 方法會接收兩個引數：一個是泛型，另一個是 int。ObjLongConsumer 與 ObjDoubleConsumer 的定義與它相似。

在標準程式庫中，其他用到 Consumer 介面的包括：

Optional.ifPresent(Consumer<? super T> consumer)

: 若提供值，則呼叫指定的取用者。否則不做事情。

Stream.forEach(Consumer<? super T> action)

: 對串流的每一個元素執行一個動作[1]。Stream.forEachOrdered 方法與它相似，會以固定順序來操作元素。

Stream.peek(Consumer<? super T> action)

: 先執行指定的動作，再回傳一個與既有串流有相同元素的串流。這是一種非常實用的除錯技術（見訣竅 3.5 的範例）。

參見

Consumer 的 andThen 方法的用途是組合（composition）。訣竅 5.8 會進一步討論函式組合。訣竅 3.5 會討論 Stream 的 peek 方法。

2.2 供應者

問題

你想要實作 java.util.function.Supplier 介面。

1 這是很常見的操作，所以 forEach 也被直接加入 Iterable。當來源元素不是來自集合時，或你想要讓串流變成平行時，Stream 版本很實用。

解決方案

使用 lambda 表達式或方法參考來實作 `java.util.function.Supplier` 的 `T get()` 方法。

說明

`java.util.function.Supplier` 介面特別簡單。它沒有任何靜態或 default 方法，只有一個抽象方法，`T get()`。

實作 `Supplier` 的意思是提供一個不接收引數，且回傳泛型型態的方法。Javadocs 提到，不需要每次 `Supplier` 被呼叫時都得回傳新的或不同的結果。

`Supplier` 其中一個簡單的範例是 `Math.random` 方法，它不接收引數，並回傳一個 `double`。你可將它指派給 `Supplier` 參考，並隨時呼叫，如範例 2-4 所示。

範例 2-4. 將 Math.random() 當成 Supplier 使用

```
Logger logger = Logger.getLogger("...");

DoubleSupplier randomSupplier = new DoubleSupplier() {  ❶
    @Override
    public double getAsDouble() {
        return Math.random();
    }
};

randomSupplier = () -> Math.random();                   ❷
randomSupplier = Math::random;                          ❸

logger.info(randomSupplier);
```

❶ 匿名內部類別實作

❷ lambda 表達式

❸ 方法參考

`DoubleSupplier` 的單一抽象方法是 `getAsDouble`，它會回傳一個 `double`。表 2-2 是 `java.util.function` 套件中其他相關的 `Supplier` 介面。

表 2-2. 其他的 Supplier 介面

介面	單一抽象方法
IntSupplier	int getAsInt()
DoubleSupplier	double getAsDouble()
LongSupplier	long getAsLong()
BooleanSupplier	boolean getAsBoolean()

Supplier 的其中一種主要用途是支援**延遲執行**（*deferred execution*）的概念。java.util.logging.Logger 的 info 方法會接收一個 Supplier，它的 get 方法只會在記錄等級會顯示訊息時被呼叫（訣竅 5.7 會詳細說明）。你可以在自己的程式中使用延遲執行程序，來確保唯有在適當的時機才從 Supplier 取出值。

另一個在標準程式庫中的範例是 Optional 的 orElseGet 方法，它也會接收 Supplier。第六章會討論 Optional 類別，不過簡單來說，Optional 是個非 null 物件，可能會包裝一個值，也可能是空的。當方法可能會合理的沒有結果時，通常會回傳它，例如在空集合中尋找一個值。

為了瞭解它的工作方式，考慮我們想要在集合中搜尋一個名字，見 2-5。

範例 2-5. 從集合中尋找名字

```
List<String> names = Arrays.asList("Mal", "Wash", "Kaylee", "Inara",
    "Zoe", "Jayne", "Simon", "River", "Shepherd Book");

Optional<String> first = names.stream()
    .filter(name -> name.startsWith("C"))
    .findFirst();

System.out.println(first);                                    ❶
System.out.println(first.orElse("None"));                     ❷

System.out.println(first.orElse(String.format("No result found in %s",
    names.stream().collect(Collectors.joining(", "))))); ❸

System.out.println(first.orElseGet(() ->
    String.format("No result found in %s",
    names.stream().collect(Collectors.joining(", "))))); ❹
```

❶ 印出 Optional.empty

❷ 印出字串 "None"

❸ 形成以逗號分隔的集合，即使找到名稱

❹ 只有在 Optional 是空的時，才形成以逗號分隔的集合

Stream 的 findFirst 方法會回傳在有序串流中遇到的第一個元素[2]。因為你可能會使用一個篩選器，讓串流中沒有剩餘的元素，所以方法回傳一個 Optional。此 Optional 不是存有所需的元素，就是空的。在這個範例中，沒有任何一個串列中的名稱通過篩選，所以結果是空的 Optional。

Optional 的 orElse 方法會回傳內存的元素，或指定的預設值。當預設值只是個簡單的字串時，這種做法沒有問題，但如果你需要做處理來回傳一個值，這可能很浪費。

在這個案例中，回傳的值是以逗號分隔的完整名字串列。orElse 方法會建立完整的字串，無論 Optional 是否含有值。

但是，orElseGet 方法會接收 Supplier 引數。優點在於 Supplier 的 get 方法只會在 Optional 是空的時候才會被呼叫，所以非必要時，完整的名字字串不會形成。

在標準程式庫中，其他使用 Supplier 的案例包括：

- Optional 的 orElseThrow 方法會接收 Supplier<X extends Exception>。Supplier 只會在例外出現時執行。
- Objects.requireNonNull(T obj, Supplier<String> messageSupplier) 只有在第一個引數為 null 才會自訂它的回應。
- CompletableFuture.supplyAsync(Supplier<U> supplier) 會回傳 CompletableFuture，CompletableFuture 是藉由呼叫指定的 Supplier 來取得值，再以該值執行工作，非同步完成的。
- Logger 類別的所有接收 Supplier <String> 的記錄方法都有多載，而非只是 string（訣竅 5.7 會以它為例）。

2 串流可能會有固定順序（encounter order），也可能沒有，就好像串列預設會以索引排序，但集合不會。這個順序可能會與元素被處理的順序不同。進一步資訊見訣竅 3.9。

參見

訣竅 5.7 會討論接收 Supplier 的多載記錄方法。訣竅 3.9 會討論尋找集合內的第一個元素。第九章有一些訣竅討論 Completable future，而第六章的訣竅主題是 Optional。

2.3 條件敘述

問題

你想要使用 java.util.function.Predicate 介面篩選資料。

解決方案

使用 lambda 表達式或方法參考實作 Predicate 介面的 boolean test(T t) 方法。

說明

條件敘述的主要用途是篩選串流。取得一個項目串流後，java.util.stream.Stream 的 filter 方法會接收一個 Predicate，並回傳一個新串流，它裡面只有滿足條件敘述的項目。

Predicate 的單一抽象方法是 boolean test(T t)，它會接收一個泛型引數，並回傳 true 或 false。範例 2-6 是 Predicate 完整的方法集合，包括靜態與 default。

範例 2-6. java.util.function.Predicate 內的方法

```
default    Predicate<T> and(Predicate<? super T> other)
static <T> Predicate<T> isEquals(Object targetRef)
default    Predicate<T> negate()
default    Predicate<T> or(Predicate<? super T> other)
boolean    test(T t)  ❶
```

❶ 單一抽象方法

假設你有個姓名集合，想要找出所有符合特定長度的實例。範例 2-7 展示如何使用串流處理來做這件事。

範例 2-7. 尋找指定長度的字串

```
public String getNamesOfLength(int length, String... names) {
    return Arrays.stream(names)
        .filter(s -> s.length() == length)  ❶
        .collect(Collectors.joining(", "));
}
```

❶ 描述只限指定長度的字串之條件敘述

或者，如果你只想要取得以特定字串開頭的姓名，如範例 2-8 所示。

範例 2-8. 尋找開頭為指定字串的字串

```
public String getNamesStartingWith(String s, String... names) {
    return Arrays.stream(names)
        .filter(s -> s.startsWith(s))  ❶
        .collect(Collectors.joining(", "));
}
```

❶ 這個條件敘述會回傳以指定字串開頭的字串

我們可讓使用方指定條件來使它更通用。請見範例 2-9 的做法。

範例 2-9. 尋找滿足任意條件敘述的字串

```
public class ImplementPredicate {
    public String getNamesSatisfyingCondition(
        Predicate<String> condition, String... names) {
            return Arrays.stream(names)
                .filter(condition)  ❶
                .collect(Collectors.joining(", "));
        }
    }

    // ... 其他方法 ...
}
```

❶ 以所提供的條件敘述來篩選

這種寫法相當有彈性，但期望使用方自行編寫每一個條件敘述或許有點過分。其中一種可採用的改法是在類別中加入代表最常見案例的常數，見範例 2-10。

範例 2-10. 加入常見案例的常數

```
public class ImplementPredicate {
    public static final Predicate<String> LENGTH_FIVE = s -> s.length() == 5;
    public static final Predicate<String> STARTS_WITH_S =
        s -> s.startsWith("S");

    // ... 其餘與之前相同 ...
}
```

提供條件敘述引數的另一個優點在於，你也可以使用預設方法 and、or 與 negate 以一系列的個別元素建立複合的條件敘述。

範例 2-11 的測試案例展示以上所有的技術。

範例 2-11. 針對條件敘述方法 JUnit 測試

```
import static functionpackage.ImplementPredicate.*; ❶
import static org.junit.Assert.assertEquals;

// ... 其他的匯入 ...

public class ImplementPredicateTest {
    private ImplementPredicate demo = new ImplementPredicate();
    private String[] names;

    @Before
    public void setUp() {
        names = Stream.of("Mal", "Wash", "Kaylee", "Inara", "Zoe",
            "Jayne", "Simon", "River", "Shepherd Book")
            .sorted()
            .toArray(String[]::new);
    }

    @Test
    public void getNamesOfLength5() throws Exception {
        assertEquals("Inara, Jayne, River, Simon",
            demo.getNamesOfLength(5, names));
    }

    @Test
    public void getNamesStartingWithS() throws Exception {
        assertEquals("Shepherd Book, Simon",
            demo.getNamesStartingWith("S", names));
    }

    @Test
```

```
    public void getNamesSatisfyingCondition() throws Exception {
        assertEquals("Inara, Jayne, River, Simon",
            demo.getNamesSatisfyingCondition(s -> s.length() == 5, names));
        assertEquals("Shepherd Book, Simon",
            demo.getNamesSatisfyingCondition(s -> s.startsWith("S"),
            names));
        assertEquals("Inara, Jayne, River, Simon",
            demo.getNamesSatisfyingCondition(LENGTH_FIVE, names));
        assertEquals("Shepherd Book, Simon",
            demo.getNamesSatisfyingCondition(STARTS_WITH_S, names));
    }

    @Test
    public void composedPredicate() throws Exception {
        assertEquals("Simon",
            demo.getNamesSatisfyingCondition(
                LENGTH_FIVE.and(STARTS_WITH_S), names));  ❷
        assertEquals("Inara, Jayne, River, Shepherd Book, Simon",
            demo.getNamesSatisfyingCondition(
                LENGTH_FIVE.or(STARTS_WITH_S), names));  ❷
        assertEquals("Kaylee, Mal, Shepherd Book, Wash, Zoe",
            demo.getNamesSatisfyingCondition(LENGTH_FIVE.negate(), names));  ❸
    }
}
```

❶ 靜態匯入，使常數更容易使用

❷ 組合

❸ 否定

在標準程式庫中使用條件敘述的其他方法包括：

`Optional.filter(Predicate<? super T> predicate)`

如果值存在，且值匹配給定的條件敘述，則回傳一個描述值的 `Optional`，否則回傳一個空的 `Optional`。

`Collection.removeIf(Predicate<? super E> filter)`

將這個集合內滿足條件敘述的所有元素移除。

`Stream.allMatch(Predicate<? super T> predicate)`

當串流的所有元素都滿足指定的條件敘述時，回傳 true。方法 `anyMatch` 和 `noneMatch` 的工作方式與它相似。

`Collectors.partitioningBy(Predicate<? super T> predicate)`

回傳一個將串流分為兩類的 `Collector`：滿足條件敘述的，以及不滿足的。

條件敘述在串流只應回傳某些元素時很實用。希望這份訣竅可讓你瞭解它可以派上用場的時機。

參見

訣竅 5.8 也會討論 closure 組合。訣竅 3.10 會討論 `allMatch`、`anyMatch` 與 `noneMatch` 方法。訣竅 4.5 會討論以操作來分割與組成群組。

2.4 函式

問題

你需要實作 `java.util.function.Function` 介面來將一個輸入參數轉換成輸出值。

解決方案

提供一個實作 `R apply(T t)` 方法的 lambda 表達式。

說明

泛函介面 `java.util.function.Function` 含有單一抽象方法 `apply`，呼叫它可將一個型態為 `T` 的泛型輸入參數轉換成型態為 `R` 的泛型輸出值。範例 2-12 是 `Function` 內的方法。

範例 2-12. java.util.function.Function 介面內的方法

```
default <V> Function<T,V> andThen(Function<? super R,? extends V> after)
            R             apply(T t)
default <V> Function<V,R> compose(Function<? super V,? extends T> before)
static <T> Function<T,T> identity()
```

`Function` 最常見的用法，是當成 `Stream.map` 方法的引數。例如，要將 `String` 轉換成整數的一種方式是呼叫每一個實例的 `length` 方法，如範例 2-13 所示。

範例 *2-13.* 將字串對應至它們的長度

```
List<String> names = Arrays.asList("Mal", "Wash", "Kaylee", "Inara",
        "Zoe", "Jayne", "Simon", "River", "Shepherd Book");

List<Integer> nameLengths = names.stream()
        .map(new Function<String, Integer>() {    ❶
            @Override
            public Integer apply(String s) {
                return s.length();
            }
        })
        .collect(Collectors.toList());

nameLengths = names.stream()
        .map(s -> s.length())                     ❷
        .collect(Collectors.toList());

nameLengths = names.stream()
        .map(String::length)                      ❸
        .collect(Collectors.toList());

System.out.printf("nameLengths = %s%n", nameLengths);
// nameLengths == [3, 4, 6, 5, 3, 5, 5, 5, 13]
```

❶ 匿名內部類別

❷ Lambda 表達式

❸ 方法參考

表 2-3 列出輸入泛型與輸出泛型的基本型態變化版本。

表 2-3. 其他的 Function 介面

介面	單一抽象方法
IntFunction	R apply(int value)
DoubleFunction	R apply(double value)
LongFunction	R apply(long value)
ToIntFunction	int applyAsInt(T value)
ToDoubleFunction	double applyAsDouble(T value)
ToLongFunction	long applyAsLong(T value)
DoubleToIntFunction	int applyAsInt(double value)

介面	單一抽象方法
DoubleToLongFunction	long applyAsLong(double value)
IntToDoubleFunction	double applyAsDouble(int value)
IntToLongFunction	long applyAsLong(int value)
LongToDoubleFunction	double applyAsDouble(long value)
LongToIntFunction	int applyAsInt(long value)
BiFunction	void accept(T t, U u)

範例 2-13 中 map 方法的引數可以是 ToIntFunction，因為這個方法的回傳型態是 int 基本型態。Stream.mapToInt 方法會接收 ToIntFunction 引數，而 mapToDouble 與 mapToLong 有異曲同工之妙。mapToInt、mapToDouble 與 mapToLong 的回傳型態分別為 IntStream、DoubleStream 與 LongStream。

如果引數與回傳型態相同怎麼辦？java.util.function 套件為此定義了 UnaryOperator。你應該猜得到，套件也有名為 IntUnaryOperator、DoubleUnaryOperator 與 LongUnaryOperator 的介面，它們的輸入與輸出引數分別為 int、double 與 long。UnaryOperator 的其中一個案例是 StringBuilder 內的 reverse 方法，因為輸入型態與輸出型態都是字串。

BiFunction 介面定義兩個泛型輸入型態與一個泛型輸出型態，它們都預設是不同的。如果三者都相同，套件中有 BinaryOperator 介面可用。二元運算子的其中一個案例是 Math.max，因為輸入與輸出都是 int、double、float 或 long。當然，介面也為這些情況定義了 IntBinaryOperator、DoubleBinaryOperator 與 LongBinaryOperator 等介面[3]。

為了集合的完整性，套件也有原生版本的 BiFunction，見表 2-4 的摘要。

表 2-4. 額外的 BiFunction 介面

介面	單一抽象方法
ToIntBiFunction	int applyAsInt(T t, U u)
ToDoubleBiFunction	double applyAsDouble(T t, U u)
ToLongBiFunction	long applyAsLong(T t, U u)

3　訣竅 3.3 會討論 BinaryOperator 在標準程式庫中的用法。

雖然 Function 的主要用途是各種的 Stream.map 方法，但它們也會出現在其他的 context 中。其中包括：

Map.computeIfAbsent(K key, Function<? super K,? extends V> mappingFunction)

　如果指定的鍵沒有值，則使用所提供的 Function 來計算一個，並將它加至 Map。

Comparator.comparing(Function<? super T,? extends U> keyExtractor)

　訣竅 4.1 將會討論，這個方法會生成一個 Comparator，其以指定的 Function 生成的鍵來排序集合。

Comparator.thenComparing(Function<? super T,? extends U> keyExtractor)

　這是個實例方法，用途也是排序，它會在第一次排序有相等的值時，加入額外的排序機制。

Function 也被廣泛用於 Collectors 工具類別，來做分群與用於下游收集器。

訣竅 5.8 將討論 andThen 與 compose 方法。identity 方法只是個 lambda 表達式 e -> e。訣竅 4.3 會展示用法。

參見

訣竅 5.8 有一些 Function 介面的 andThen 與 compose 方法之範例。訣竅 4.3 有 Function.identity 的範例。訣竅 4.6 會在範例中使用函式作為下游收集器。訣竅 5.4 會討論 computeIfAbsent 方法。訣竅 3.3 也會討論二元運算子。

第三章

串流

Java 8 加入一些新的串流隱喻（metaphor）來支援泛函程式設計。串流是個元素序列，它不會儲存元素或修改原始的來源。Java 的泛函程式設計通常會用某個資料來源來產生串流，透過一系列的中間操作（稱為**管道**（*pipeline*））來傳遞元素，並以**最終表達式**來完成這個程序。

串流只能使用一次。串流經過零或多個中間操作，到達最終操作之後，它就不復存在了。若要再次處理值，你就必須製作新的串流。

串流也是惰性（lazy）的。串流只會處理滿足最終條件所需的最少資料數量。訣竅 3.13 會展示這個行為。

本章的訣竅會展示各種典型的串流操作。

3.1 建立串流

問題

你想要使用資料來源建立串流。

解決方案

使用 `Stream` 介面的靜態工廠方法，或是 `Iterable` 或 `Arrays` 的 `stream` 方法。

說明

Java 8 的新介面 `java.util.stream.Stream` 提供了一些建立串流的靜態方法。具體來說，你可以使用靜態方法 `Stream.of`、`Stream.iterate` 與 `Stream.generate`。

`Stream.of` 方法可接收可變長度元素引數串列：

```
static <T> Stream<T> of(T... values)
```

在標準程式庫中，`of` 方法的實作其實是委派給 `Arrays` 類別的 `stream` 方法，見範例 3-1。

範例 3-1. Stream.of 的實作參考

```
@SafeVarargs
public static<T> Stream<T> of(T... values) {
    return Arrays.stream(values);
}
```

`@SafeVarargs` 註釋是 Java 泛型的一部分。當你使用陣列引數時，它就會出現，因為你有可能會將一個型別（typed）陣列指派給 `Object` 陣列，並在新增元素時，違反型態安全。`@SafeVarargs` 註釋會告訴編譯器：開發者保證不會做這種事情。其他的詳細資訊請見附錄 A。

請見簡單的範例 3-2。

因為串流在到達最終表達式之前不會處理任何資料，這個訣竅的每一個範例都會在結尾加上最終方法，例如 `collect` 或 `forEach`。

範例 3-2. 使用 Stream.of 來建立串流

```
String names = Stream.of("Gomez", "Morticia", "Wednesday", "Pugsley")
    .collect(Collectors.joining(","));
System.out.println(names);
// 印出 Gomez,Morticia,Wednesday,Pugsley
```

API 也納入一個接收一個元素 `T t` 的 `of` 方法多載。這個方法會回傳一個單例（singleton）循序串流，它裡面只有一個元素。

關於 `Arrays.stream` 方法，見範例 3-3。

範例 3-3. 使用 Arrays.stream 建立串流

```
String[] munsters = { "Herman", "Lily", "Eddie", "Marilyn", "Grandpa" };
names = Arrays.stream(munsters)
    .collect(Collectors.joining(","));
System.out.println(names);
// 印出 Herman,Lily,Eddie,Marilyn,Grandpa
```

因為你必須提前建立一個陣列，這種方法比較不方便，但很適合用於可變長度引數串列。這個 API 包含供 `int`、`long` 與 `double` 陣列使用的 `Arrays.stream` 多載，以及這裡使用的泛型型態。

`iterate` 是 `Stream` 介面內的另一種靜態工廠方法。`iterate` 方法的簽章為：

```
static <T> Stream<T> iterate(T seed, UnaryOperator<T> f)
```

根據 Javadocs，這個方法會 "對初始元素種子迭代執行函式 `f` 來產生一個**無限**（加重語氣）循序排列的 `Stream`，並回傳。" 之前談過，`UnaryOperator` 是個函式，它唯一的輸入型態與輸出型態是相同的（在訣竅 2.4 中說明）。當你有一種方法可使用目前的值來產生串流的下一個值時，它很實用，如範例 3-4 所示。

範例 3-4. 使用 Stream.iterate 來建立串流

```
List<BigDecimal> nums =
    Stream.iterate(BigDecimal.ONE, n -> n.add(BigDecimal.ONE) )
        .limit(10)
        .collect(Collectors.toList());
System.out.println(nums);
// 印出 [1, 2, 3, 4, 5, 6, 7, 8, 9, 10]

Stream.iterate(LocalDate.now(), ld -> ld.plusDays(1L))
    .limit(10)
    .forEach(System.out::println)
// 印出從今天開始的 10 天
```

第一個範例使用 `BigDecimal` 實例來從一開始計數。第二個使用 `java.time` 的新類別 `LocalDate` 來反複加入一天。因為兩者產生的串流都是無界的（unbounded），所以需要中間操作 `limit`。

`Stream` 類別的另一個工廠方法是 `generate`，它的簽章是：

```
static <T> Stream<T> generate(Supplier<T> s)
```

這個方法會重複呼叫 Supplier 產生一個連續、未排序的串流。Math.random 方法是標準程式庫的一個 Supplier 範例（這個方法不接收引數，但會產生一個回傳值），見範例 3-5 的用法。

範例 3-5. 建立 double 亂數串流

```
long count = Stream.generate(Math::random)
    .limit(10)
    .forEach(System.out::println)
```

如果你已經有一個集合，可以利用已被加至 Collection 介面的 default 方法 stream，如範例 3-6 所示[1]。

範例 3-6. 用集合建立串流

```
List<String> bradyBunch = Arrays.asList("Greg", "Marcia", "Peter", "Jan",
    "Bobby", "Cindy");
names = bradyBunch.stream()
    .collect(Collectors.joining(","));
System.out.println(names);
// 印出 Greg,Marcia,Peter,Jan,Bobby,Cindy
```

Stream 有三個子介面是特別用來處理基本型態的：IntStream、LongStream 與 DoubleStream。IntStream 與 LongStream 都有兩個額外的工廠方法可建立串流，range 與 rangeClosed。它們的方法簽章，以 IntStream 為例，是（LongStream 與此類似）：

```
static IntStream  range(int startInclusive, int endExclusive)
static IntStream  rangeClosed(int startInclusive, int endInclusive)
static LongStream range(long startInclusive, long endExclusive)
static LongStream rangeClosed(long startInclusive, long endInclusive)
```

從兩者的引數可看出它們的差異：rangeClosed 包含結束值，但 range 沒有。它們都會回傳一個連續、有序的串流，從第一個引數開始，之後遞增一。範例 3-7 是它們的示範。

範例 3-7. range 與 rangeClosed 方法

```
List<Integer> ints = IntStream.range(10, 15)
    .boxed()  ❶
    .collect(Collectors.toList());
System.out.println(ints);
```

1　希望這不會毀了我不用查看都還能記得 Brady Bunch 全部六位小孩的名聲。相信我，我跟你一樣驚訝。

```
// 印出 [10, 11, 12, 13, 14]

List<Long> longs = LongStream.rangeClosed(10, 15)
    .boxed()  ❶
    .collect(Collectors.toList());
System.out.println(longs);
// 印出 [10, 11, 12, 13, 14, 15]
```

❶ 對於 Collectors，基本型態必須轉換成 List<T>

這個範例唯一奇怪的地方是使用 boxed 方法將 int 值轉換為 Integer 實例，訣竅 3.2 會進一步說明。

總之，以下是建立串流的方法：

- Stream.of(T... values) 與 Stream.of(T t)
- Arrays.stream(T[] array)，以及 int[]、double[] 與 long[] 的多載
- Stream.iterate(T seed, UnaryOperator<T> f)
- Stream.generate(Supplier<T> s)
- Collection.stream()
- 使用 range 與 rangeClosed：

  —IntStream.range(int startInclusive, int endExclusive)

  —IntStream.rangeClosed(int startInclusive, int endInclusive)

  —LongStream.range(long startInclusive, long endExclusive)

  —LongStream.rangeClosed(long startInclusive, long endInclusive)

參見

這本書會經常使用串流。訣竅 3.2 會討論如何將基本型態的串流轉換成包裝實例。

3.2 Boxed 串流

問題

你想要用基本型態串流建立一個集合。

解決方案

使用 Stream 的 boxed 方法來包裝元素。或者，使用適當的包裝類別來對應值，或使用三個引數形式的 collect 方法。

說明

在處理物件串流時，你可以使用 Collectors 類別的其中一種靜態方法將串流轉換成集合。例如，當你有一個字串串流時，可使用範例 3-8 的程式建立一個 List<String>。

範例 3-8. 將字串串流轉換為串列

```
List<String> strings = Stream.of("this", "is", "a", "list", "of", "strings")
    .collect(Collectors.toList());
```

但是，這個程序不能處理基本型態的串流。範例 3-9 的程式無法編譯。

範例 3-9. 將 int 串流轉換為 Integer 串列（無法編譯）

```
IntStream.of(3, 1, 4, 1, 5, 9)
    .collect(Collectors.toList()); // 無法編譯
```

你有三種替代方法可用。首先，使用 Stream 的 boxed 方法將 IntStream 轉換成 Stream<Integer>，如範例 3-10 所示。

範例 3-10. 使用 boxed 方法

```
List<Integer> ints = IntStream.of(3, 1, 4, 1, 5, 9)
    .boxed()  ❶
    .collect(Collectors.toList());
```

❶ 將 int 轉換成 Integer

另一種做法是使用 mapToObj 方法，將每一個元素從基本型態轉換成包裝類別的實例，如範例 3-11 所示。

範例 *3-11.* 使用 *mapToObj* 方法

```
List<Integer> ints = IntStream.of(3, 1, 4, 1, 5, 9)
    .mapToObj(Integer::valueOf)
    .collect(Collectors.toList())
```

如同 mapToInt、mapToLong 與 mapToDouble 可將物件串流解析成相關的基本型態，IntStream、LongStream 與 DoubleStream 的 mapToObj 方法會將基本型態轉換成相關的包裝類別實例。這個範例的 mapToObj 的引數使用 Integer 建構式。

因為效能的考量，JDK 9 已棄用 Integer(int val) 建構式了。建議你改用 Integer .valueOf(int)。

另一種替代方案是使用 collect 的三引數版本，它的簽章為：

```
<R> R collect(Supplier<R> supplier,
              ObjIntConsumer<R> accumulator,
              BiConsumer<R,R> combiner)
```

範例 3-12 是這個方法的用法。

範例 *3-12.* 使用 *collect* 的三引數版本

```
List<Integer> ints = IntStream.of(3, 1, 4, 1, 5, 9)
    .collect(ArrayList<Integer>::new, ArrayList::add, ArrayList::addAll);
```

在這個 collect 版本中，Supplier 是 ArrayList<Integer> 的建構式，累加器是 add，它代表如何將一個元素加入串列，而結合器（只在平行操作期間使用）是 addAll，它會將兩個串列結合為一個。三個引數版本的 collect 並不常見，但瞭解它的工作方式是有益的。

這些做法都是可行的，想選用哪一種只與你的風格有關。

順道一提，如果你想要轉換成陣列，而非串列，則 toArray 方法也很好用。見範例 3-13。

範例 3-13. 將 IntStream 轉換成 int 陣列

```
int[] intArray = IntStream.of(3, 1, 4, 1, 5, 9).toArray();

// 或

int[] intArray = IntStream.of(3, 1, 4, 1, 5, 9).toArray(int[]::new);
```

第一個示範使用 `toArray` 的預設形式，它會回傳 `Object[]`。第二個示範使用 `IntFunction<int[]>` 作為產生器，它會建立適當大小的 `int[]`，並填充它。

我們必須使用這些做法的原因，與 Java 決定將基本型態視為與物件不同的東西，並引入複雜的泛型這項原始決策有關。不過，如果你知道應該使用它們，`boxed` 或 `mapToObj` 都很容易使用。

參見

第四章會討論 Collectors。訣竅 1.3 會討論建構式參考。

3.3 使用 Reduce 進行聚合操作

問題

你想要用串流操作來產生一個值。

解決方案

使用 `reduce` 方法來對每一個元素執行積累（accumulate）計算。

說明

Java 的泛函模式通常使用一種所謂的“map（對應）—filter（篩選）—reduce（聚合）”的程序。`map` 操作會將某種型態的串流（例如 `String`）轉換成另一種（例如 `int`，藉由呼叫 `length` 方法）。這個程序接著使用 `filter` 產生一個只含有所需元素的新串流（例如，長度小於某個門檻的字串）。最後，你可能要提供一個最終操作來用這個串流產生一個值（例如，總合或平均長度）。

內建的聚合操作

基本型態串流 IntStream、LongStream 與 DoubleStream 都有一些 API 內建的聚合操作。

例如，表 3-1 是 IntStream 類別的聚合操作。

表 3-1. IntStream 類別的聚合操作

方法	回傳型態
average	OptionalDouble
count	long
max	OptionalInt
min	OptionalInt
sum	int
summaryStatistics	IntSummaryStatistics
collect(Supplier<R> supplier, ObjIntConsumer<R> accumulator, BiConsumer<R,R> combiner)	R
reduce	int, OptionalInt

sum、count、max、min 與 average 等聚合操作做的事情與你想像的相同。唯一有趣的地方在於，它們有些會回傳 Optionals，因為如果串流裡面沒有元素（或許是在篩選操作之後），結果會是 undefined 或 null。

例如，探討一個與字串集合的長度有關的聚合操作，如範例 3-14 所示。

範例 3-14. IntStream 的聚合操作

```
String[] strings = "this is an array of strings".split(" ");
long count = Arrays.stream(strings)
        .map(String::length)      ❶
        .count();
System.out.println("There are " + count + " strings");

int totalLength = Arrays.stream(strings)
        .mapToInt(String::length) ❷
        .sum();
System.out.println("The total length is " + totalLength);

OptionalDouble ave = Arrays.stream(strings)
```

```
        .mapToInt(String::length) ❷
        .average();
System.out.println("The average length is " + ave);

OptionalInt max = Arrays.stream(strings)
        .mapToInt(String::length) ❷
        .max();                   ❸

OptionalInt min = Arrays.stream(strings)
        .mapToInt(String::length) ❷
        .min();                   ❸

System.out.println("The max and min lengths are " + max + " and " + min);
```

❶ count 是個 Stream 方法，所以不需要對應至 IntStream

❷ sum 與 average 都只用於基本串流

❸ 沒有 Comparator 的 max 與 min 只用於基本串流

這段程式會印出：

```
There are 6 strings
The total length is 22
The average length is OptionalDouble[3.6666666666666665]
The max and min lengths are OptionalInt[7] and OptionalInt[2]
```

請注意 average、max 與 min 方法會回傳 Optionals，因為原則上，你也可以套用一個篩選器來移除串流的所有元素。

count 方法其實很有趣，將於訣竅 3.7 討論它。

Stream 介面有 max(Comparator) 與 min(Comparator)，其中比較器（comparator）的用途是找出最大與最小元素。在 IntStream 中，這兩種方法都有不需要引數的多載版本，因為比較是用整數的自然順序來執行的。

訣竅 3.8 將討論 summaryStatistics 方法。

這張表格的最後兩項操作 collect 與 reduce 值得做進一步討論。本書會經常使用 collect 方法將串流轉換成集合，通常會與 Collectors 類別的其中一種靜態輔助方法一起使用，例如 toList 或 toSet。基本串流沒有那個版本的 collect。這裡的三引數版本會接收一個用來填充的集合，一種將單個元素加入集合的方法，以及一種將多個元素加入集合的方法。訣竅 3.2 是其中一個範例。

基本的聚合實作

但是，reduce 方法的行為不一定很直觀，除非你看過它的動作。

IntStream 有兩種多載版本的 reduce 方法：

```
OptionalInt reduce(IntBinaryOperator op)
int         reduce(int identity, IntBinaryOperator op)
```

第一種方法會接收一個 IntBinaryOperator 並回傳一個 OptionalInt，第二種方法會要求你提供一個稱為 identity 的 int，以及一個 IntBinaryOperator。

之前談過，java.util.function.BiFunction 會接收兩個引數並回傳一個值，三者可為不同的型態。如果輸入型態與回傳型態都相同，則函式就是個 BinaryOperator（例如，想像一下 Math.max）。IntBinaryOperator 是個 BinaryOperator，它的輸入與輸出型態都是 int。

假裝一下你不想要使用 sum。要總和一系列的整數，其中一種方式是使用範例 3-15 的 reduce 方法。

範例 3-15. 使用 reduce 來總和數字

```
int sum = IntStream.rangeClosed(1, 10)
    .reduce((x, y) -> x + y).orElse(0);    ❶
```

❶ sum 的值是 55

通常串流管道都是直向編寫的，這是一種基於流暢（*fluent*）API 的做法，其中，一個方法的結果會變成下一個方法的目標。在這個案例中，reduce 方法會回傳一個非串流的東西，所以 orElse 被寫在同一行，而不是在它下面，因為它不屬於管道。這只是一種方便的做法，請使用任何適合你的格式化方法。

這裡的 IntBinaryOperator 是以一個 lambda 表達式來提供的，這個表達式會接收兩個 int，並回傳它們的總和。因為當我們加入一個篩選器之後，串流可能會變成空的，所以結果是 OptionalInt。我們接上 orElse 方法，來指明當串流中沒有元素時，回傳值應該是零。

在 lambda 表達式中，你可以將二元運算子的第一個引數想成一個累加器，第二個引數想成串流的每一個元素的值。你可以在過程中將它們印出就會清楚看到這件事，如範例 3-16 所示。

範例 3-16. 印出 x 與 y 的值

```
int sum = IntStream.rangeClosed(1, 10)
    .reduce((x, y) -> {
        System.out.printf("x=%d, y=%d%n", x, y);
        return x + y;
    }).orElse(0);
```

範例 3-17 是它的輸出。

範例 3-17. 在過程中印出每一個值的輸出

```
x=1, y=2
x=3, y=3
x=6, y=4
x=10, y=5
x=15, y=6
x=21, y=7
x=28, y=8
x=36, y=9
x=45, y=10

sum=55
```

從輸出可以看到，x 與 y 的初始值是該範圍的前兩個值。二元運算子回傳的值會變成下一次迭代時的 x（即累加）值，而 y 會取得串流中的每一個值。

很好，但如果你想要在總和每一個數字之前先處理它們呢？例如，假設你想要將所有數字乘以二再總和它們[2]。比較不成熟的做法是直接使用範例 3-18 的程式。

2 解決這個問題的方法有很多種，包括直接將 sum 方法回傳的值乘以二。這裡的做法是為了展示如何使用雙引數形式的 reduce。

範例 3-18. 在總和期間將值加倍（請注意：不正確）

```
int doubleSum = IntStream.rangeClosed(1, 10)
    .reduce((x, y) -> x + 2 * y).orElse(0);   ❶
```

❶ doubleSum 的值是 109（啊！少一！）

因為從 1 到 10 的總和是 55，所以總和的結果應該是 110，但這個計算產生 109。原因是，在 reduce 方法的 lambda 表達式中，x 與 y 的初始值是 1 與 2（串流的前兩個值），所以串流的第一個值並未被加倍。

這就是有個可接收累加器初始值的多載版 reduce 之原因。見範例 3-19。

範例 3-19. 在總和期間將值加倍（可行）

```
int doubleSum = IntStream.rangeClosed(1, 10)
    .reduce(0, (x, y) -> x + 2 * y);   ❶
```

❶ doubleSum 的值是正常的 110

藉由提供初始值零給累加器 x，y 的值會被指派給串流的每一個元素，將它們都加倍。範例 3-20 是每一次迭代時 x 與 y 的值。

範例 3-20. 每一次迭代時，lambda 參數的值

```
Acc=0, n=1
Acc=2, n=2
Acc=6, n=3
Acc=12, n=4
Acc=20, n=5
Acc=30, n=6
Acc=42, n=7
Acc=56, n=8
Acc=72, n=9
Acc=90, n=10

sum=110
```

也請注意，如果你在使用 reduce 版本時使用累加器的初始值，則回傳型態是 int 而非 OptionalInt。

二元運算子的 identity 值

這個訣竅的範例收到的第一個引數是累加器的初始值，雖然方法簽章稱它為 `identity`。`identity` 這個字代表你應該提供一個值給二元運算子，二元運算子會將它與任何其他值結合，並回傳另一個值。在做加法時，identity 是零。在做乘法時，identity 是 1。在做字串串接時，identity 是空字串。

這裡展示的總和運算的結果都是相同的，但請記住，`reduce` 的第一個引數應該是要當成二元運算子來使用的運算之 identity 值。在內部，它會變成累加器的初始值。

標準程式庫提供許多聚合方法，但如果它們都無法直接處理你的問題，這裡展示的兩種形式之 `reduce` 方法或許會有很大的幫助。

程式庫的二元運算子

標準程式庫有一些方法可讓聚合操作特別簡單。例如，`Integer`、`Long` 與 `Double` 都有個 `sum` 方法可做你期望的事情。`Integer` 的 `sum` 方法的實作為：

```
public static int sum(int a, int b) {
    return a + b;
}
```

我們只是想將兩個整數相加，為什麼需要像這樣建立一個方法？`sum` 方法是個 `BinaryOperator`（更具體地說，是 `IntBinaryOperator`），因此可在 `reduce` 操作中輕鬆地使用，如範例 3-21 所示。

範例 3-21. 使用二元運算子執行聚合

```
int sum = Stream.of(1, 2, 3, 4, 5, 6, 7, 8, 9, 10)
                .reduce(0, Integer::sum);
System.out.println(sum);
```

這一次你甚至不需要 `IntStream`，但結果是相同的。同樣的，現在 `Integer` 類別有 `max` 與 `min` 方法，它們也都是二元運算子，也可採取相同的用法，見範例 3-22。

範例 3-22. 使用 reduce 尋找最大值

```
Integer max = Stream.of(3, 1, 4, 1, 5, 9)
        .reduce(Integer.MIN_VALUE, Integer::max);  ❶
System.out.println("The max value is " + max);
```

❶ `max` 的 identity 是最小整數

另一個有趣的案例是 `String` 的 `concat` 方法，它看起來其實不像 `BinaryOperator`，因為這個方法只接收一個引數：

```
String concat(String str)
```

你可以在 `reduce` 操作中任意使用它，見範例 3-23。

範例 3-23. 使用 reduce 串接串流字串

```
String s = Stream.of("this", "is", "a", "list")
        .reduce("", String::concat);
System.out.println(s);  ❶
```

❶ 印出 `thisisalist`

這可行的原因是，當你透過類別名稱（如 `String::concat`）使用方法參考時，第一個參數會變成 `concat` 方法的目標，第二個參數是 `concat` 的引數。因為結果會回傳 `String`，目標、參數與回傳型態都有相同的型態，因此，你同樣可以將它視為 `reduce` 方法的二元運算子。

這種技術可以大幅精簡（reduce）[3] 你的程式碼大小，所以當你瀏覽 API 時，請記得這一點。

---

3 使用雙關語，對不起。

使用收集器

雖然 concat 的這種用法是可行的，但它很沒有效率，因為 String 串接會建立與銷毀物件。較好的做法是使用 Collector 與 collect 方法。

Stream 有一種 collect 方法的多載可接收集合的 Supplier、將單個元素加入集合的 BiConsumer，以及結合兩個集合的 BiConsumer。處理字串時，累加器自然是 String Builder。範例 3-24 是對應的 collect 實作。

範例 3-24. 使用 StringBuilder 收集字串

```
String s = Stream.of("this", "is", "a", "list")
        .collect(() -> new StringBuilder(),      ❶
                (sb, str) -> sb.append(str),     ❷
                (sb1, sb2) -> sb1.append(sb2))   ❸
        .toString();
```

❶ 產生的 Supplier

❷ 將一個值加至結果

❸ 結合兩個結果

我們可用方法參考來以更簡單的方式表達這種做法，如範例 3-25 所示。

範例 3-25. 使用方法參考收集字串

```
String s = Stream.of("this", "is", "a", "list")
        .collect(StringBuilder::new,
                StringBuilder::append,
                StringBuilder::append)
        .toString();
```

但是，最簡單的做法是使用 Collectors 工具類別的 joining 方法，見範例 3-26。

範例 3-26. 使用 Collectors 結合字串

```
String s = Stream.of("this", "is", "a", "list")
        .collect(Collectors.joining());
```

joining 方法被多載成也可接收一個字串分隔符號，你很難找出比它簡單的做法。要瞭解細節與更多範例，請見訣竅 4.2。

最一般的 reduce 形式

reduce 方法的第三種形式是：

```
<U> U reduce(U identity,
             BiFunction<U,? super T,U> accumulator,
             BinaryOperator<U> combiner)
```

這比較複雜，通常有更簡單的方式可完成同一個日標，但它只是個範例，告訴你如何使用它或許會有所助益。

考慮一個只有整數 ID 與字串 title 的 Book 類別，見範例 3-27。

範例 3-27. 簡單的 Book 類別

```
public class Book {
    private Integer id;
    private String title;

    // ... 建構式、getters 與 setters、toString、equals、hashCode ...
}
```

假設你有一個書籍清單，且想要將它們加入一個 Map，它的鍵是 ID，值是書籍本身。

我們可用 Collectors.toMap 方法來以更簡單的方式處理這個範例，訣竅 4.3 會展示做法。在這裡使用它，是因為它的簡單性更容易讓你把焦點放在更複雜的 reduce 版本。

範例 3-28 是其中一種完成這個工作的方式。

範例 3-28. 將書籍收集至 Map 內

```
HashMap<Integer, Book> bookMap = books.stream()
    .reduce(new HashMap<Integer, Book>(),          ❶
           (map, book) -> {                        ❷
                map.put(book.getId(), book);
                return map;
            },
            (map1, map2) -> {                      ❸
                map1.putAll(map2);
                return map1;
            });
bookMap.forEach((k,v) -> System.out.println(k + ": " + v));
```

❶ `putAll` 的 identity 值

❷ 使用 `put` 將一本書籍放入 `Map`

❸ 使用 `putAll` 結合多個 `Map`

以相反順序來查看 `reduce` 方法的引數是最簡單的方式。

最後一個引數是 `combiner`，它必須是個 `BinaryOperator`。在這裡，我們提供的 lambda 表達式會接收兩個 maps，並將第二個 map 的所有鍵複製到第一個，且回傳它。如果 `putAll` 方法回傳的是 map，lambda 表達式會比較簡單，但我們沒這麼幸運。唯有 `reduce` 採取平行操作時，結合器才有意義，因為這樣你才需要結合這個範圍的每一個部分產生的 map。

第二個引數是將一本書加入 `Map` 的函式。同樣的，如果 `Map` 的 `put` 方法在新項目被加入之後才回傳 `Map` 時，事情會比較簡單。

`reduce` 方法的第一個引數是 `combiner` 函式的 identity 值。在這種情況下，identity 值是個空的 `Map`，因為它與任何其他的 `Map` 結合都會回傳另一個 `Map`。

這段程式的輸出是：

```
1:Book{id=1, title='Modern Java Recipes'}
2:Book{id=2, title='Making Java Groovy'}
3:Book{id=3, title='Gradle Recipes for Android'}
```

聚合操作是泛函程式設計語法的基礎。在許多常見的情況下，`Stream` 介面會提供內建的方法供你使用，例如 `sum` 或 `collect(Collectors.joining(','))`。但是，如果你需要編寫自己的方法，則這個訣竅展示如何直接使用 `reduce` 操作。

好消息是，當你瞭解如何使用 Java 8 的 `reduce`，就可知道如何在其他的語言中使用同樣的操作，即使它們使用不同的做法（例如 Groovy 的 `inject` 或 Scala 的 `fold`），但它們的工作方式都是相同的。

參見

訣竅 4.3 將說明以更簡單的方式將 POJO 串列轉換成 `Map`。訣竅 3.8 會討論摘要統計。第四章將討論 Collector。

3.4 使用 reduce 檢查排序

問題

你想要檢查排序是否正確。

解決方案

使用 reduce 方法檢查每一對元素。

說明

Stream 的 reduce 方法會接收 BinaryOperator 引數：

```
Optional<T> reduce(BinaryOperator<T> accumulator)
```

BinaryOperator 是個函式，它的輸入型態與輸出型態都是相同的。如訣竅 3.3 所示，BinaryOperator 的第一個元素通常是累加器，第二個元素會接收串流的每一個值，見範例 3-29。

範例 3-29. 使用 reduce 來總和 BigDecimals

```
BigDecimal total = Stream.iterate(BigDecimal.ONE, n -> n.add(BigDecimal.ONE))
        .limit(10)
        .reduce(BigDecimal.ZERO, (acc, val) -> acc.add(val)); ❶
System.out.println("The total is " + total);
```

❶ 將 BigDecimal 的 add 方法當成 BinaryOperator 使用

一如往常，lambda 表達式回傳的東西會變成下一次迭代時 acc 變數的值。透過這種方式，計算過程會累加前 10 個 BigDecimal 實例的值。

這是 reduce 方法最典型的使用方式，但這裡將 acc 當成累加器來代用，不代表你應該將它當成累加器。假設我們要使用訣竅 4.1 討論的方法來改成排序字串。範例 3-30 的程式會以長度來排序字串。

範例 3-30. 以長度來排序字串

```
List<String> strings = Arrays.asList(
    "this", "is", "a", "list", "of", "strings");

List<String> sorted = strings.stream()
    .sorted(Comparator.comparingInt(String::length))
    .collect(toList());    ❶
```

❶ 其結果是 ["a", "is", "of", "this", "list", "strings"]

問題在於，你該如何測試它？你必須比較每一對相鄰的字串，來確定第一個字串的長度與第二個相同或比它短。不過，reduce 方法在這裡也有不錯的表現，見範例 3-31（JUnit 測試案例的一部分）。

範例 3-31. 測試字串已被正確地排序

```
strings.stream()
    .reduce((prev, curr) -> {
        assertTrue(prev.length() <= curr.length());    ❶
        return curr;                                   ❷
    });
```

❶ 檢查每一對字串已正確地排序

❷ curr 變成下一個 prev 值

就每一對連續的字串而言，之前與目前的參數會被指派給變數 prev 與 curr。判斷式會測試之前的長度是否小於或等於目前的長度。重點在於，回傳目前字串值的 reduce 引數，curr，會在下次迭代時變成 prev 的值。

讓這件事成真的唯一要件是串流必須是連續且有序的，如同這個範例。

參見

訣竅 3.3 討論 reduce 方法。訣竅 4.1 討論排序。

3.5 使用 peek 來除錯串流

問題

你想要在串流被處理的過程中查看各個元素。

解決方案

當你需要時，在串流管道中呼叫 peek 中間操作。

說明

串流處理是由一系列的零或多個中間操作，以及隨後的最終操作構成的。每一個中間操作都會回傳一個新串流。最終操作會回傳某個非串流的東西。

Java 8 新手有時會對串流管道的中間操作序列感到疑惑，因為他們無法在串流值被處理時查看它們。

接下來探討有個簡單的方法會接收整數串流的起始與結束範圍，再將每一個數字加倍，且唯有產生的值可被 3 整除時，才將它們總和，如範例 3-32 所示。

範例 3-32. 將整數加倍、篩選，並總和

```
public int sumDoublesDivisibleBy3(int start, int end) {
    return IntStream.rangeClosed(start, end)
        .map(n -> n * 2)
        .filter(n -> n % 3 == 0)
        .sum();
}
```

使用一個簡單的測試就可以證明這段程式可正確運作：

```
@Test
public void sumDoublesDivisibleBy3() throws Exception {
    assertEquals(1554, demo.sumDoublesDivisibleBy3(100, 120));
}
```

這很實用，但無法讓你看到內部動作。如果這段程式失敗，你將會很難找出問題出在哪裡。

想像你想要在管道中加入一個 map 操作來接收每一個值、印出它，接著再次回傳值，如範例 3-33 所示。

範例 3-33. 加入列印用的 identity map

```
public int sumDoublesDivisibleBy3(int start, int end) {
    return IntStream.rangeClosed(start, end)
        .map(n -> {   ❶
            System.out.println(n);
            return n;
        })
        .map(n -> n * 2)
        .filter(n -> n % 3 == 0)
        .sum();
}
```

❶ 在回傳元素之前將它們印出的 identity map

程式會印出從 start 到 end 的數字，包含頭尾，每個數字一行。或許你不想要將它放在成果中，但它可讓你在不干擾串流的情況下，瞭解串流的處理過程。

這個行為正是 Stream 的 peek 方法之工作方式。peek 方法的宣告式為：

```
Stream<T> peek(Consumer<? super T> action)
```

根據 Javadocs，peek 方法會“回傳一個串流，裡面含有這個串流的元素，並在每個元素從結果串流被取用時，額外對它們執行所提供的動作。”之前談過，Consumer 會接收一個輸入，但不回傳任何東西，所以你提供的任何 Consumer 都不會損壞串流的每一個值。

因為 peek 是個中間操作，你可以隨意地加入 peek 方法多次，見範例 3-34。

範例 3-34. 使用多個 peek 方法

```
public int sumDoublesDivisibleBy3(int start, int end) {
    return IntStream.rangeClosed(start, end)
        .peek(n -> System.out.printf("original: %d%n", n))  ❶
        .map(n -> n * 2)
        .peek(n -> System.out.printf("doubled : %d%n", n))  ❷
        .filter(n -> n % 3 == 0)
        .peek(n -> System.out.printf("filtered: %d%n", n))  ❸
        .sum();
}
```

❶ 在乘以二之前印出值

❷ 在乘以二之後、篩選之前印出值

❸ 在篩選之後、總和之前印出值

結果展示每個元素的原始形式，接著展示它被乘以二之後的結果，最後只展示通過篩選的元素。其輸出為：

```
original:100
doubled :200
original:101
doubled :202
original:102
doubled :204
filtered:204
...
original:119
doubled :238
original:120
doubled :240
filtered:240
```

不幸的是，我們無法讓 peek 程式碼變成可以選擇是否要使用，所以這在除錯時是很方便的手段，但是你應該在成品中將它移除。

3.6 將字串轉換成串流，並轉換回去

問題

你想要使用慣用的 Stream 處理技術而非迴圈，來遍歷 String 的各個字元。

解決方案

使用 java.lang.CharSequence 介面的預設方法 chars 與 codePoints 將 String 轉換成 IntStream。要轉換回去 String，你可以使用 IntStream 的多載方法 collect，它會接收一個 Supplier、一個代表累加器的 BiConsumer，與一個代表結合器的 BiConsumer。

說明

字串是字元的集合，所以理論上，將字串轉換成串流應該與將其他集合或陣列轉換成串流一樣簡單。不幸的是，String 不屬於 Collections 框架，因此並未實作 Iterable，所以沒有 stream 工廠方法可轉換成 Stream。另一個選項是 java.util.Arrays 類別的靜態方法 stream，但雖然有 Arrays.stream 的版本供 int[]、long[]、double[]，甚至 T[] 使用，但沒有供 char[] 使用的版本。種種跡象看起來似乎是 API 的設計者不希望讓你用串流技術來處理 String。

儘管如此，我們還是有可行的做法。String 類別實作了 CharSequence 介面，且該介面有兩個方法可產生 IntStream。這兩個方法都是介面的預設方法，所以它們有實作可用。範例 3-35 是它們的簽章。

範例 *3-35. java.lang.CharSequence* 的串流方法

```
default IntStream chars()
default IntStream codePoints()
```

這兩種方法的差別，與 Java 處理 UTF-16 編碼字元以及完整的字碼指標 Unicode 集合的方式有關。如果你有興趣，Javadocs 的 java.lang.Character 部分解釋了它們的差異。就這裡展示的方法而言，差別只在於回傳的整數型態。前者會回傳一個用這個序列的 char 值構成的 IntStream，後者會回傳一個 Unicode 字碼指標的 IntStream。

相反的問題是如何將字元串流轉換回去 String。Stream.collect 方法的用途是對串流的元素執行可變聚合（mutable reduction），來產生一個集合。可接收 Collector 的 collect 版本是最常見的，因為 Collectors 工具類別提供許多靜態方法（例如 toList、toSet、toMap、joining 與許多其他本書提到的方法），可產生所需的 Collector。

但是，我們明顯缺乏的是可接收字元串流並將它們結合成一個 String 的 Collector。幸運的是，這種程式並不難寫，我們可使用其他的 collect 多載來接收一個 Supplier 與兩個 BiConsumer 引數，一個當成累加器，一個當成結合器。

這聽起來都比實際操作複雜許多。接下來探討我們要編寫一個方法來檢查一個字串是不是回文（palindrome）。回文不區分大小寫，且它們會移除所有的標點符號，再檢查產生的字串之順向與逆向是否相同。在 Java 7 之前的版本，範例 3-36 是其中一種編寫字串測試方法的方式。

範例 3-36. 在 Java 7 之前檢查回文

```
public boolean isPalindrome(String s) {
    StringBuilder sb = new StringBuilder();
    for (char c : s.toCharArray()) {
        if (Character.isLetterOrDigit(c)) {
            sb.append(c);
        }
    }
    String forward = sb.toString().toLowerCase();
    String backward = sb.reverse().toString().toLowerCase();
    return forward.equals(backward);
}
```

如同以非泛函形式寫成的典型程式，這個方法宣告一個單獨的可變狀態物件（StringBuilder 實例），接著迭代一個集合（String 的 toCharArray 方法回傳的 char[]），使用 if 條件來判斷是否將值加到緩衝區。StringBuilder 類別也有個 reverse 方法可讓你更容易檢查回文，但 String 類別沒有。這種可變狀態、迭代與決策陳述式的組合，會讓人們想要找到以串流為基礎的方法來取代它。

範例 3-37 是以串流為基礎的替代方案。

範例 3-37. 使用 Java 8 串流來檢查回文

```
public boolean isPalindrome(String s) {
    String forward = s.toLowerCase().codePoints()     ❶
        .filter(Character::isLetterOrDigit)
        .collect(StringBuilder::new,
                 StringBuilder::appendCodePoint,
                 StringBuilder::append)
        .toString();

    String backward = new StringBuilder(forward).reverse().toString();
    return forward.equals(backward);
}
```

❶ 回傳一個 IntStream

codePoints 方法會回傳一個 IntStream，接著你可以使用範例 3-37 的同一個條件來篩選它。collect 方法有個有趣的地方，它的簽章是：

```
<R> R collect(Supplier<R> supplier,
              BiConsumer<R,? super T> accumulator,
              BiConsumer<R,R> combiner)
```

它的引數是：

- Supplier，會產生聚合後的結果物件，在這裡是 StringBuilder。
- BiConsumer，將串流的每一個元素累加到產生的資料結構；這個範例使用 appendCodePoint 方法。
- BiConsumer 代表結合器，它是“非干擾、無狀態函式”，用來將兩個必須與累加器相容的值結合，在這裡是 append 方法。請注意，結合器只會在平行操作時用到。

引數看起來很多，但這個案例的優點在於我們不需要用程式來區分字元與整數，這在處理字串的元素時通常是個麻煩。

範例 3-38 簡單地測試這個方法。

範例 3-38. 測試回文檢查程式

```
private PalindromeEvaluator demo = new PalindromeEvaluator();

@Test
public void isPalindrome() throws Exception {
    assertTrue(
        Stream.of("Madam, in Eden, I'm Adam",
                  "Go hang a salami; I'm a lasagna hog",
                  "Flee to me, remote elf!",
                  "A Santa pets rats as Pat taps a star step at NASA")
              .allMatch(demo::isPalindrome));

    assertFalse(demo.isPalindrome("This is NOT a palindrome"));
}
```

將字串當成字元陣列來檢視不太符合 Java 8 的泛函格式，不過希望這個訣竅的機制可以展示它們如何完成工作。

參見

第四章會詳細討論 Collector，並在訣竅 4.9 的主題實作我們自己的 collector。訣竅 3.10 會討論 allMatch 方法。

3.7 計算元素數量

問題

你想要知道串流內有多少元素。

解決方案

使用 `Stream.count` 或 `Collectors.counting` 方法。

說明

這個訣竅非常簡單，但確實能夠展示訣竅 4.6 會再次使用的技術。

`Stream` 介面有一個預設的方法稱為 `count`，它會回傳一個 `long`，如範例 3-39 所示。

範例 3-39. 計算串流的元素數量

```
long count = Stream.of(3, 1, 4, 1, 5, 9, 2, 6, 5).count();
System.out.printf("There are %d elements in the stream%n", count); ❶
```

❶ 印出 `There are 9 elements in the stream`

`count` 方法有趣的地方在於，Javadocs 展示出它是如何實作的。文件表示“這是個聚合的特例，且相當於”：

```
return mapToLong(e -> 1L).sum();
```

首先，串流內的每一個元素都會被對應至 `1`，型態為 `long`。接著 `mapToLong` 方法會產生一個 `LongStream`，而它有一個 `sum` 方法。換句話說，它會將所有元素都對應至一，並將它們總和。這非常精簡。

值得一提的替代方案是，`Collectors` 類別有一個類似的方法，稱為 `counting`，見範例 3-40。

範例 3-40. 使用 Collectors.counting 計算元素數量

```
count = Stream.of(3, 1, 4, 1, 5, 9, 2, 6, 5)
    .collect(Collectors.counting());
System.out.printf("There are %d elements in the stream%n", count);
```

結果是相同的。問題是，為什麼要這樣做？為什麼不對 `Stream` 使用 `count` 方法？

當然，你可以，也應該這樣做。但是，將它當成**下游收集器**（*downstream collector*）才是實用的做法，訣竅 4.6 會更廣泛地討論它。接下來探討範例 3-41。

範例 3-41. 計算以長度分割的字串數量

```
Map<Boolean, Long> numberLengthMap = strings.stream()
    .collect(Collectors.partitioningBy(
        s -> s.length() % 2 == 0,  ❶
        Collectors.counting()));   ❷

numberLengthMap.forEach((k,v) -> System.out.printf("%5s: %d%n", k, v));
//
// false:4
//  true:8
```

❶ 條件敘述

❷ 下游收集器

`partitioningBy` 的第一個引數是 `Predicate`，用來將字串分為兩類：滿足條件的，與不滿足的。如果它是 `partitioningBy` 唯一的引數，結果將會是 `Map<Boolean, List<String>>`，其中鍵是 `true` 與 `false` 值，值是長度為奇數與偶數的字串串列。

這裡使用之 `partitioningBy` 的雙引數多載會接收 `Predicate` 以及 `Collector`，`Collector` 稱為下游收集器，它會後續處理回傳的每一個字串串列。這是 `Collectors.counting` 方法的使用案例。現在輸出是 `Map<Boolean, Long>`，其中的值是串流中奇數與偶數長度字串的數量。

`Stream` 的一些方法在 `Collectors` 內都有類似的方法，我們會在那個章節討論它。無論在哪一種情況下，如果你要直接操作串流，可使用 `Stream` 方法。`Collectors` 方法的用途是 `partitioningBy` 或 `groupingBy` 操作的下游後續處理。

參見

訣竅 4.6 會討論下游收集器。第四章有一些訣竅會討論一般的 collector。計數是種內建的聚合操作，請參考訣竅 3.3。

3.8 摘要統計

問題

你想要對數值串流進行計數、總和、找出最小值、最大值與平均值。

解決方案

使用 `IntStream`、`DoubleStream` 與 `LongStream` 的 `summaryStatistics` 方法。

說明

基本串流 `IntStream`、`DoubleStream` 與 `LongStream` 都在 `Stream` 介面加入一些處理基本型態的方法。其中一種方法是 `summaryStatistics`，如範例 3-42 所示。

範例 3-42. SummaryStatistics

```
DoubleSummaryStatistics stats = DoubleStream.generate(Math::random)
    .limit(1_000_000)
    .summaryStatistics();

System.out.println(stats);  ❶

System.out.println("count: " + stats.getCount());
System.out.println("min : " + stats.getMin());
System.out.println("max : " + stats.getMax());
System.out.println("sum : " + stats.getSum());
System.out.println("ave : " + stats.getAverage());
```

❶ 使用 `toString` 方法列印

Java 7 加入在數字常值中使用底線的功能，例如 1_000_000。

典型的執行結果是：

```
DoubleSummaryStatistics{count=1000000, sum=499608.317465, min=0.000001,
    average=0.499608, max=0.999999}
count: 1000000
min  : 1.3938598313334438E-6
max  : 0.9999988915490642
sum  : 499608.31746475823
ave  : 0.49960831746475826
```

DoubleSummaryStatistics 的 toString 實作展示所有的值，但這個類別也有一些 getter 方法可供各個量值使用：getCount、getSum、getMax、getMin 與 getAverage。因為範例有 100 萬個 doubles，結果不讓人意外，最小值接近零、最大值接近 1，總和大約是 500,000，且平均值接近 0.5。

DoubleSummaryStatistics 類別有另外兩個有趣的方法：

```
void accept(double value)
void combine(DoubleSummaryStatistics other)
```

accept 方法會在摘要資訊中記錄其他的值。combine 方法會將兩個 DoubleSummaryStatistics 物件結合成一個。它們的用途是在計算結果之前，將資料加入類別實例。

例如，網站 Spotrac（*http://www.spotrac.com*）會追蹤各個運動隊伍的薪資統計。在這本書的原始程式中，你可以找到一個保存美國職棒大聯盟在 2017 年球季全部 30 個球隊的薪資檔案，其取自這個網站[4]。

範例 3-43 的原始程式定義一個稱為 Team 的類別，裡面有一個 id、一個球隊名稱 name，與一個總薪資 salary。

4 來源：*http://www.spotrac.com/mlb/payroll/*，你可以在那裡選擇年份或其他資訊。

範例 3-43. Team 類別含有 id、name 與 salary

```
public class Team {
    private static final NumberFormat nf = NumberFormat.getCurrencyInstance();

    private int id;
    private String name;
    private double salary;

    // ... 建構式、getters 與 setters ...

    @Override
    public String toString() {
        return "Team{" +
                "id=" + id +
                ", name='" + name + '\'' +
                ", salary=" + nf.format(salary) +
                '}';
    }
}
```

解析球隊薪資檔案的結果為：

```
Team{id=1, name='Los Angeles Dodgers', salary=$245,269,535.00}
Team{id=2, name='Boston Red Sox', salary=$202,135,939.00}
Team{id=3, name='New York Yankees', salary=$202,095,552.00}
...
Team{id=28, name='San Diego Padres', salary=$73,754,027.00}
Team{id=29, name='Tampa Bay Rays', salary=$73,102,766.00}
Team{id=30, name='Milwaukee Brewers', salary=$62,094,433.00}
```

計算團隊集合的摘要統計數據的方式有兩種。第一種是使用三個引數的 `collect` 方法，如範例 3-44 所示。

範例 3-44. 用供應器、累加器與結合器來收集

```
DoubleSummaryStatistics teamStats = teams.stream()
        .mapToDouble(Team::getSalary)
        .collect(DoubleSummaryStatistics::new,
                 DoubleSummaryStatistics::accept,
                 DoubleSummaryStatistics::combine);
```

訣竅 4.9 會討論這個版本的 `collect` 方法。在這裡，它依賴一個建構式參考來提供 `DoubleSummaryStatistics` 的實例、`accept` 方法來將其他的值加到既有的 `DoubleSummaryStatistics` 物件，與 `combine` 方法來將兩個 `DoubleSummaryStatistics` 物件結合成一個。

其結果為（經過格式化，以方便閱讀）：

```
30 teams
  sum = $4,232,271,100.00
  min =    $62,094,433.00
  max =   $245,269,535.00
  ave =   $141,075,703.33
```

說明下游收集器的訣竅（訣竅 4.6）會展示另一種計算同一筆資料的方式。範例 3-45 是這個案例算出來的摘要。

範例 *3-45.* 使用 *summarizingDouble* 來收集

```
teamStats = teams.stream()
        .collect(Collectors.summarizingDouble(Team::getSalary));
```

`Collectors.summarizingDouble` 方法的引數是每一個球隊的薪資。無論採用哪種方式，結果都是相同的。

這些摘要統計類別基本上是"窮開發者"處理統計的做法，只限於這裡展示的特性（count、max、min、sum 與 average），但如果你只需要這些特性，知道程式庫可自動提供它們是件很好的事情[5]。

參見

摘要統計是聚合操作的一種特殊形式。其他的形式可在訣竅 3.3 中找到。訣竅 4.6 會討論下游集合器。訣竅 4.9 會討論多引數的 `collect` 方法。

3.9 尋找串流的第一個元素

問題

你想要在串流中找出滿足某個條件的第一個元素。

5 當然，這個訣竅的另一個課題是，如果你可以找到上大聯盟的方法，或許應該好好考慮這件事，就算只上去很短的一段時間。當你離開時，Java 仍然在這裡等你回來。

解決方案

在使用篩選器之後，使用 findFirst 或 findAny 方法。

說明

java.util.stream.Stream 的 findFirst 與 findAny 方法會回傳一個描述串流中第一個元素的 Optional。它們都會接收一個引數，這意味著在它之前，任何的對應或篩選操作都已經完成了。

例如，假設我們有一串整數，為了尋找第一個偶數，我們使用一個偶數篩選器，接著使用 findFirst，見範例 3-46。

範例 3-46. 尋找第一個偶數整數

```
Optional<Integer> firstEven = Stream.of(3, 1, 4, 1, 5, 9, 2, 6, 5)
    .filter(n -> n % 2 == 0)
    .findFirst();

System.out.println(firstEven); ❶
```

❶ 印出 Optional[4]

如果串流是空的，回傳值就是個空的 Optional（見範例 3-47）。

範例 3-47. 對空串流使用 findFirst

```
Optional<Integer> firstEvenGT10 = Stream.of(3, 1, 4, 1, 5, 9, 2, 6, 5)
    .filter(n -> n > 10)
    .filter(n -> n % 2 == 0)
    .findFirst();

System.out.println(firstEvenGT10); ❶
```

❶ 印出 Optional.empty

因為這段程式會在使用篩選器之後回傳第一個元素，你或許會認為它做了許多多餘的事情。為什麼要計算所有元素的模數，接著只挑出第一個？串流元素其實是被一個接著一個處理的，所以這不是個問題。訣竅 3.13 會討論這一點。

如果串流沒有固定順序（encounter order），就應該回傳所有元素。在目前的範例中，串流有固定順序，所以“第一個”偶數（在原始的範例中）一定是 4，**無論我們使用循序或平行串流來搜尋**。見範例 3-48。

範例 3-48. 以平行的方式來使用 firstEven

```
firstEven = Stream.of(3, 1, 4, 1, 5, 9, 2, 6, 5)
    .parallel()
    .filter(n -> n % 2 == 0)
    .findFirst();

System.out.println(firstEven); ❶
```

❶ 一定會印出 `Optional[4]`

你在一開始會覺得很奇怪。為什麼即使我們同時處理許多數字，也會取得相同的值？答案在於**固定順序**的概念。

API 對於固定順序的定義是：資料來源提供元素的順序。`List` 與陣列都有固定順序，但 `Set` 沒有。

`BaseStream`（`Stream` 擴展它）也有一種方法稱為 `unordered`，會（選擇性地！）回傳一個無序的串流作為中間操作，雖然它可能不會回傳。

集合與固定順序

`HashSet` 實例並未定義固定順序，但如果你重複使用相同的資料來初始化一個這種實例（在 Java 8），每次都會得到相同的元素順序。這代表每次使用 `findFirst` 時，也都會都取得相同的結果。這個方法的文件說明，`findFirst` 在處理無順序的串流時，可能會提供不同的結果，但目前的實作不會只因為串流是無順序的，就改變它的行為。

要以不同的固定順序來取得 `Set`，你可以加入與移除足夠的元素來強制重新排序。例如：

```
List<String> wordList = Arrays.asList(
    "this", "is", "a", "stream", "of", "strings");
Set<String> words = new HashSet<>(wordList);
Set<String> words2 = new HashSet<>(words);

// 現在加入與移除足夠的元素來強制重新排序
IntStream.rangeClosed(0, 50).forEachOrdered(i ->
```

```
        words2.add(String.valueOf(i)));
    words2.retainAll(wordList);

    // 集合是相同的，但有不同的元素順序
    System.out.println(words.equals(words2));
    System.out.println("Before: " + words);
    System.out.println("After : " + words2);
```

輸出會長得像：

```
    true
    Before: [a, strings, stream, of, this, is]
    After : [this, is, strings, stream, of, a]
```

它們的順序不同，所以 findFirst 的結果也會不同。

在 Java 9，新的不可變集合（與 map）都是隨機化的，所以它們的迭代順序在每次執行時都會改變，即使它們每次都以相同的方式來初始化[6]。

findAny 方法會回傳一個 Optional 來描述串流的一些元素，或當串流為空時，回傳空的 Optional。在這裡，操作的行為是**明確非確定性**（*explicitly nondeterministic*），代表可以自由選擇串流的任何元素。這可幫助平行操作的最佳化。

為了展示這件事，接下來探討從一個無順序、平行的整數串流回傳任何元素。範例 3-49 採用一個人工的延遲，在最多隨機延遲 100 毫秒之後，將每一個元素本身對應到它自己。

範例 3-49. 在隨機延遲之後平行使用 findAny

```
public Integer delay(Integer n) {
    try {
        Thread.sleep((long) (Math.random() * 100));
    } catch (InterruptedException ignored) { ❶
    }
    return n;
}

// ...

Optional<Integer> any = Stream.of(3, 1, 4, 1, 5, 9, 2, 6, 5)
```

6　感謝 Stuart Marks 的解釋。

```
    .unordered()        ❷
    .parallel()         ❸
    .map(this::delay)   ❹
    .findAny();         ❺

System.out.println("Any: " + any);
```

❶ 在 Java 中，唯一可以安全捕捉並忽略的例外[7]

❷ 我們不在乎順序

❸ 平行使用一般的 fork-join 池

❹ 加入隨機延遲

❺ 回傳第一個元素，無論固定順序為何

現在輸出可能是任何收到的數字，取決於哪一個執行緒先完成。

findFirst 與 findAny 都是**短路**、**最終**操作。當你送一個無限串流給短路操作時，它可能會產生一個有限的串流。當最終操作會在有限的時間終止時，它就是短路的，即使它收到無限的輸入。

請注意，這個訣竅的範例為展示平行化有時會降低效能，而非提升效能。串流是惰性的，代表它們只會處理滿足管道必要的最少元素數量。在這個案例中，因為需求只是回傳第一個元素，所以觸發 fork-join 池是過度的做法。見範例 3-50。

範例 3-50. 在循序與平行串流中使用 findAny

```
Optional<Integer> any = Stream.of(3, 1, 4, 1, 5, 9, 2, 6, 5)
    .unordered()
    .map(this::delay)
    .findAny(); ❶

System.out.println("Sequential Any: " + any);

any = Stream.of(3, 1, 4, 1, 5, 9, 2, 6, 5)
    .unordered()
    .parallel()
    .map(this::delay)
```

7 講真的，捕捉任何例外之後將它忽略都不是件好事情。只不過大家在遇到 InterruptedException 時通常都會這樣做。但這仍然不是好的做法。

```
    .findAny(); ❷

System.out.println("Parallel Any: " + any);
```

❶ 循序串流（預設）

❷ 平行串流

以下是典型的輸出（在八核心機器上，因此它預設使用有八個執行緒的 fork-join 池）[8]。

循序處理為：

```
main // 循序，所以只有一個執行緒
Sequential Any:Optional[3]
```

平行處理為：

```
ForkJoinPool.commonPool-worker-1
ForkJoinPool.commonPool-worker-5
ForkJoinPool.commonPool-worker-3
ForkJoinPool.commonPool-worker-6
ForkJoinPool.commonPool-worker-7
main
ForkJoinPool.commonPool-worker-2
ForkJoinPool.commonPool-worker-4
Parallel Any:Optional[1]
```

循序串流只需要處理一個元素，接著回傳它，將程序短路。平行串流會觸發八個不同的執行緒，找出一個元素，再將它們全部關閉。因此平行串流會處理許多沒必要的值。

同樣的，重點在於串流的固定順序。如果串流有固定順序，則 findFirst 一定會回傳相同的值。findAny 方法可回傳任何元素，因此比較適合用於平行操作。

參見

訣竅 3.13 會討論惰性串流。第九章會討論平行串流。

8　這個示範假設延遲方法已經被修改過，以印出目前的執行緒的名稱，以及它正在處理的值。

3.10 使用 anyMatch、allMatch 與 noneMatch

問題

你想要確定是否有任何串流元素匹配一個 Predicate，或全部匹配，或沒有匹配。

解決方案

使用 Stream 介面的 anyMatch、allMatch 與 noneMatch 方法，它們都會回傳一個布林。

說明

Stream 的 anyMatch、allMatch 與 noneMatch 方法的簽章是：

```
boolean anyMatch(Predicate<? super T> predicate)
boolean allMatch(Predicate<? super T> predicate)
boolean noneMatch(Predicate<? super T> predicate)
```

看起來，每一個方法做的事情都一樣。舉例來說，探討一個質數計算程式。當一個數字無法被從 2 開始到該數字減 1 的數字整除時，它就是質數。

要檢查一個數字是不是質數，有一種簡單的做法是計算該數字的模數，從 2 開始到它的平方根四捨五入，如範例 3-51 所示。

範例 3-51. 檢查質數

```
public boolean isPrime(int num) {
    int limit = (int) (Math.sqrt(num) + 1);            ❶
    return num == 2 || num > 1 && IntStream.range(2, limit)
        .noneMatch(divisor -> num % divisor == 0);     ❷
}
```

❶ 檢查的上限

❷ 使用 noneMatch

noneMatch 方法可讓計算過程特別簡易。

BigInteger 與質數

有趣的是，java.math.BigInteger 類別有個方法 isProbablyPrime，它的簽章為：

```
boolean isProbablyPrime(int certainty)
```

如果這個方法回傳 false，代表值是複合數。但是，如果它回傳 true，就是 certainty 引數發揮效用的時候了。

certainty 的值代表呼叫方願意容忍的不確定性。如果這個方法回傳 true，該數字是質數的機率超過 1 - 1/2^{certainty}，所以 certainty 為 2 代表機率為 0.5，certainty 為 3 代表 0.75，4 代表 0.875，5 代表 0.9375，以此類推。

使用較大的 certainty 值會讓演算法花較久時間。

範例 3-52 是兩種測試計算結果的方式。

範例 3-52. 測試質數計算結果

```
private Primes calculator = new Primes();

@Test ❶
public void testIsPrimeUsingAllMatch() throws Exception {
    assertTrue(IntStream.of(2, 3, 5, 7, 11, 13, 17, 19)
        .allMatch(calculator::isPrime));
}

@Test ❷
public void testIsPrimeWithComposites() throws Exception {
    assertFalse(Stream.of(4, 6, 8, 9, 10, 12, 14, 15, 16, 18, 20)
        .anyMatch(calculator::isPrime));
}
```

❶ 為了簡化，使用 allMatch

❷ 以複合數來測試

第一個測試會對一個已知的質數串流呼叫 allMatch 方法，它的引數是 Predicate，並且唯有在所有值都是質數時，才回傳 true。

第二項測試使用 anyMatch 以及複合數（非質數）的集合，並判斷它們是否都不滿足條件敘述。anyMatch、allMatch 與 noneMatch 方法都是檢查一個值的串流是否符合特定條件的方法。

你必須注意一個有問題的邊界條件。anyMatch、allMatch 與 noneMatch 方法處理空串流時，不一定會有直接的行為，見範例 3-53 的測試。

範例 3-53. 測試空串流

```
@Test
public void emptyStreamsDanger() throws Exception {
    assertTrue(Stream.empty().allMatch(e -> false));
    assertTrue(Stream.empty().noneMatch(e -> true));
    assertFalse(Stream.empty().anyMatch(e -> true));
}
```

Javadocs 對於 allMatch 與 noneMatch 的描述是“當串流是空的，則回傳 true，且不會評估條件敘述”，所以在這兩個案例中，條件敘述可以是任何東西。anyMatch 方法會對空串流回傳 false。這可能會導致非常難以診斷的錯誤，所以請小心。

allMatch 與 noneMatch 方法會對空串流回傳 true，而 anyMatch 方法會回傳 false，無論所提供的條件敘述為何。當串流是空的時，你提供的任何條件敘述都不會被估算。

參見

訣竅 2.3 討論條件敘述。

3.11 串流 flatMap v.s. map

問題

你有一個串流，且需要以某種方式來轉換元素，但你不確定該使用 map 還是 flatMap。

解決方案

若要將每一個元素轉換成一個單值，使用 map。如果要將每一個元素轉換成多個值，且產生的串流必須被“壓平”，則使用 flatMap。

說明

Stream 的 map 與 flatMap 方法都接收 Function 引數。map 的簽章是：

```
<R> Stream<R> map(Function<? super T,? extends R> mapper)
```

Function 會接收一個輸入，並將它轉換成一個輸出。就 map 案例而言，型態為 T 的單個輸入會被轉換成型態為 R 的單個輸出。

探討一個 Customer 類別，其中每位顧客都有一個姓名與一堆 Order。為了保持簡單，Order 類別只有一個整數 ID。範例 3-54 是這兩個類別。

範例 3-54. 一對多的關係

```
public class Customer {
    private String name;
    private List<Order> orders = new ArrayList<>();

    public Customer(String name) {
        this.name = name;
    }

    public String getName() { return name; }
    public List<Order> getOrders() { return orders; }

    public Customer addOrder(Order order) {
        orders.add(order);
        return this;
    }
}

public class Order {
    private int id;

    public Order(int id) {
        this.id = id;
    }

    public int getId() { return id; }
}
```

現在我們來建立一些顧客並加入一些訂單，如範例 3-55 所示。

範例 3-55. 顧客與訂單樣本

```
Customer sheridan = new Customer("Sheridan");
Customer ivanova = new Customer("Ivanova");
Customer garibaldi = new Customer("Garibaldi");

sheridan.addOrder(new Order(1))
        .addOrder(new Order(2))
        .addOrder(new Order(3));
ivanova.addOrder(new Order(4))
        .addOrder(new Order(5));


List<Customer> customers = Arrays.asList(sheridan, ivanova, garibaldi);
```

如果輸入參數與輸出型態是一對一的關係，就會完成 `map` 操作。在這個範例中，你可以將顧客對應至姓名並將它們印出，見範例 3-56。

範例 3-56. 將 Customer 對應至姓名

```
customers.stream()                     ❶
        .map(Customer::getName)        ❷
        .forEach(System.out::println); ❸
```

❶ `Stream<Customer>`

❷ `Stream<String>`

❸ Sheridan、Ivanova、Garibaldi

如果你將顧客對應至訂單，而不是姓名，將會取得一個集合的集合，見範例 3-57。

範例 3-57. 將 Customer 對應至訂單

```
customers.stream()
        .map(Customer::getOrders)                        ❶
        .forEach(System.out::println);                   ❷

customers.stream()
        .map(customer -> customer.getOrders().stream())  ❸
        .forEach(System.out::println);
```

❶ Stream<List<Order>>

❷ [Order{id=1}, Order{id=2}, Order{id=3}], [Order{id=4}, Order{id=5}], []

❸ Stream<Stream<Order>>

對應操作會產生 Stream<List<Order>>，其中最後一個串列是空的。當你對訂單串列呼叫 stream 方法時，將會取得 Stream<Stream<Order>>，其中最後一個內部串流是個空串流。

這就是 flatMap 可派上用場的時機。flatMap 方法的簽章是：

```
<R> Stream<R> flatMap(Function<? super T,? extends Stream<? extends R>> mapper)
```

對於每一個泛型引數 T，這個函式會產生一個 Stream<R>，而非只是個 R。接著 flatMap 方法會"壓平"結果串流，做法是移除各個串流的每一個元素，再將它們加到輸出。

flatMap 的 Function 引數會接收一個泛型輸入引數，但產生一個輸出型態的 Stream。

範例 3-58 的程式展示 flatMap。

範例 3-58. 對 Customer 訂單使用 flatMap

```
customers.stream()                                              ❶
        .flatMap(customer -> customer.getOrders().stream())     ❷
        .forEach(System.out::println);                          ❸
```

❶ Stream<Customer>

❷ Stream<Order>

❸ Order{id=1}, Order{id=2}, Order{id=3}, Order{id=4}, Order{id=5}

flatMap 操作的結果，會產生一個 Stream<Order>，它已經被壓平了，所以你不需要煩惱被嵌套在裡面的串流。

flatMap 的兩個主要概念是：

- flatMap 的 Function 引數會產生一個輸出值 Stream。
- 產生的"串流的串流"會被壓平成單個"結果的串流"。

知道這些概念之後，你應該可以發現 flatMap 方法相當實用。

最後，`Optional` 類別也有一個 map 方法與一個 flatMap 方法。詳情請見訣竅 6.4 與 6.5。

參見

訣竅 6.5 也會展示 flatMap 方法。訣竅 6.4 會討論 `Optional` 的 flatMap。

3.12 串接串流

問題

你想要將兩個以上的串流結合成一個。

解決方案

`Stream` 的 concat 方法可結合兩個串流，如果串流數量很少時，使用它就可以了，否則使用 flatMap。

說明

假設你從許多地方取得資料，且想要使用串流來處理裡面的每一個元素。你可以使用的其中一種機制是 `Stream` 的 concat 方法，它的簽章是：

```
static <T> Stream<T> concat(Stream<? extends T> a, Stream<? extends T> b)
```

這個方法會建立一個惰性串接串流，該串流會取得第一個串流的所有元素，接著是第二個串流的所有元素。Javadocs 提到，當輸入串流是循序的，則產生的串流也是循序的，如果**任何一個**輸入串流是平行的，則產生的串流就是平行的。關閉回傳的串流也會關閉底層的輸入串流。

兩個輸入串流內元素的型態必須相同。

範例 3-59 是個串接串流的簡單範例。

範例 3-59. 串接兩個串流

```
@Test
public void concat() throws Exception {
    Stream<String> first = Stream.of("a", "b", "c").parallel();
    Stream<String> second = Stream.of("X", "Y", "Z");
    List<String> strings = Stream.concat(first, second)  ❶
            .collect(Collectors.toList());
    List<String> stringList = Arrays.asList("a", "b", "c", "X", "Y", "Z");
    assertEquals(stringList, strings);
}
```

❶ 第一個元素的後面是第二個元素

如果你想要將第三個串流加入這個混合串流，可嵌套串接，見範例 3-60。

範例 3-60. 串接多個串流

```
@Test
public void concatThree() throws Exception {
    Stream<String> first = Stream.of("a", "b", "c").parallel();
    Stream<String> second = Stream.of("X", "Y", "Z");
    Stream<String> third = Stream.of("alpha", "beta", "gamma");

    List<String> strings = Stream.concat(Stream.concat(first, second), third)
            .collect(Collectors.toList());
    List<String> stringList = Arrays.asList("a", "b", "c",
        "X", "Y", "Z", "alpha", "beta", "gamma");
    assertEquals(stringList, strings);
}
```

這個嵌套方法是可行的，但 Javadocs 有個相關的說明：

> 當你用重複的串接來建構串流時要小心。取得深度串接的串流的元素可能產生深度的呼叫鏈，甚至 StackOverflowException。

這裡主要的概念在於，concat 方法基本上會建立一個串流的二元樹，如果它的數量過多，可能會變成非常臃腫。

另一種做法是使用 reduce 方法執行多次串接，見範例 3-61。

範例 3-61. 使用 reduce 來串接

```
@Test
public void reduce() throws Exception {
    Stream<String> first = Stream.of("a", "b", "c").parallel();
    Stream<String> second = Stream.of("X", "Y", "Z");
    Stream<String> third = Stream.of("alpha", "beta", "gamma");
    Stream<String> fourth = Stream.empty();

    List<String> strings = Stream.of(first, second, third, fourth)
            .reduce(Stream.empty(), Stream::concat)  ❶
            .collect(Collectors.toList());

    List<String> stringList = Arrays.asList("a", "b", "c",
        "X", "Y", "Z", "alpha", "beta", "gamma");
    assertEquals(stringList, strings);
}
```

❶ 一起使用 reduce 以及空字串與二元運算子

這可行的原因是，當你用方法參考來使用 concat 時，它就是二元運算子。請注意，這個程式比較簡單，但還沒有修復潛在的堆疊溢出問題。

當你要結合串流時，flatMap 方法是一種自然的解決方案，見範例 3-62。

範例 3-62. 使用 flatMap 來串接串流

```
@Test
public void flatMap() throws Exception {
    Stream<String> first = Stream.of("a", "b", "c").parallel();
    Stream<String> second = Stream.of("X", "Y", "Z");
    Stream<String> third = Stream.of("alpha", "beta", "gamma");
    Stream<String> fourth = Stream.empty();

    List<String> strings = Stream.of(first, second, third, fourth)
            .flatMap(Function.identity())
            .collect(Collectors.toList());
    List<String> stringList = Arrays.asList("a", "b", "c",
        "X", "Y", "Z", "alpha", "beta", "gamma");
    assertEquals(stringList, strings);
}
```

這種做法是可行的，但也有一些問題。如果任何輸入串流是平行的，使用 concat 會建立平行串流，但 flatMap 不會（範例 3-63）。

範例 3-63. 是否平行？

```
@Test
public void concatParallel() throws Exception {
    Stream<String> first = Stream.of("a", "b", "c").parallel();
    Stream<String> second = Stream.of("X", "Y", "Z");
    Stream<String> third = Stream.of("alpha", "beta", "gamma");

    Stream<String> total = Stream.concat(Stream.concat(first, second), third);

    assertTrue(total.isParallel());
}

@Test
public void flatMapNotParallel() throws Exception {
    Stream<String> first = Stream.of("a", "b", "c").parallel();
    Stream<String> second = Stream.of("X", "Y", "Z");
    Stream<String> third = Stream.of("alpha", "beta", "gamma");
    Stream<String> fourth = Stream.empty();

    Stream<String> total = Stream.of(first, second, third, fourth)
            .flatMap(Function.identity());
    assertFalse(total.isParallel());
}
```

儘管如此，當你需要時，只要你還沒有處理資料，都可以藉由呼叫 `parallel` 方法來讓串流成為平行（範例 3-64）。

範例 3-64. 讓 flatMap 串流變平行

```
@Test
public void flatMapParallel() throws Exception {
    Stream<String> first = Stream.of("a", "b", "c").parallel();
    Stream<String> second = Stream.of("X", "Y", "Z");
    Stream<String> third = Stream.of("alpha", "beta", "gamma");
    Stream<String> fourth = Stream.empty();

    Stream<String> total = Stream.of(first, second, third, fourth)
            .flatMap(Function.identity());
    assertFalse(total.isParallel());

    total = total.parallel();
    assertTrue(total.isParallel());
}
```

因為 **flatMap** 是個中間操作，你仍然可以使用 `parallel` 方法來修改串流，如範例所示。

總之，concat 可有效地處理兩個串流，也可以在一般的聚合操作之中使用，不過 flatMap 是較自然的替代方案。

參見

要瞭解詳情、效能考量，及其他主題，可參考一個傑出的部落格貼文，位於 *http://bit.ly/efficient-multistream-concatentation*。訣竅 3.11 討論 Stream 的 flatMap 方法。

3.13 惰性串流

問題

你想要處理滿足條件所需的最少數量串流元素。

解決方案

串流本身是惰性的，它不會處理元素，除非最終條件達成。接著，它會處理每一個元素。如果最後有個短路操作，串流處理會在所有條件都被滿足時結束。

說明

當你第一次遇到串流處理時，往往認為它做了許多沒必要的工作。例如，考慮接收介於 100 與 200 之間的數字，將它們乘以二，接著找出可被三整除的第一個值，見範例 3-65。[9]

範例 3-65. 將介於 200 至 400 的數字先加倍，再除以 3

```
OptionalInt firstEvenDoubleDivBy3 = IntStream.range(100, 200)
    .map(n -> n * 2)
    .filter(n -> n % 3 == 0)
    .findFirst();
System.out.println(firstEvenDoubleDivBy3); ❶
```

❶ 印出 Optional[204]

9 感謝 Venkat Subramaniam 提供這個範例的基礎。

如果你不夠瞭解，可能會它認為浪費許多精力：

- 建立從 100 到 199 的數字（100 次操作）
- 將每一個數字加倍（100 次操作）
- 檢查每一個數字是否可以整除（100 次操作）
- 回傳產生的串流的第一個元素（1 次操作）

既然滿足串流需求的第一個值是 204，為什麼要處理所有其他的數字？

幸運的是，串流處理的工作方式不是這樣。串流是**惰性的**，也就是說，在達到終端條件（terminal condition）之前，它不會做任何工作，達到之後，它會透過管道來個別處理每一個元素。為了展示這一點，範例 3-66 為同樣的程式，但經過改寫，以展示每一個元素通過管道的情形。

範例 3-66. 明確地處理每一個串流元素

```
public int multByTwo(int n) {          ❶
    System.out.printf("Inside multByTwo with arg %d%n", n);
    return n * 2;
}

public boolean divByThree(int n) {     ❷
    System.out.printf("Inside divByThree with arg %d%n", n);
    return n % 3 == 0;
}

// ...

firstEvenDoubleDivBy3 = IntStream.range(100, 200)
    .map(this::multByTwo)              ❸
    .filter(this::divByThree)          ❹
    .findFirst();
```

❶ 用來乘以二的方法參考，以及列印

❷ 計算 3 的模數之方法參考，以及列印

這一次，輸出是：

```
Inside multByTwo with arg 100
Inside divByThree with arg 200
Inside multByTwo with arg 101
Inside divByThree with arg 202
Inside multByTwo with arg 102
Inside divByThree with arg 204
First even divisible by 3 is Optional[204]
```

值 100 經過 map 產生 200，但無法通過篩選器，所以串流移往值 101。它會被 map 至 202，202 也無法通過篩選器。接著是下一個值，102，它會被 map 至 204，但它可被 3 整除，所以通過了。這個串流處理會在**只處理三個值之後**結束，共六次操作。

這是串流處理比直接使用集合還好的優點之一。使用集合時，在前往下一個步驟之前，你必須執行所有的操作。使用串流時，中間操作會形成管道，但直到最終操作到達之前，不會發生任何事情，之後，串流只會處理必要的值數量。

這不一定好用，如果任何操作是有狀態的，例如將它們全部排序或總和，那麼無論如何，所有的值都必須被處理。但是當你有無狀態操作，之後有個短路的最終操作，優點是顯然易見的。

參見

訣竅 3.9 討論 findFirst 與 findAny 之間的差異。

比較器與集合

Java 8 用一些靜態與 default 方法來改善 Comparator 介面，讓你更容易執行排序操作。現在你可以用它以一個特性來排序一個 POJO 集合，接著用第二個特性來排序第一個特性相等的元素，接著第三個，以此類推，你只要使用一系列的程式庫呼叫式即可。

Java 8 也加入一種新的工具類別，稱為 java.util.stream.Collectors，它提供了靜態方法將串流轉換各種型態的集合。你也可以對 collector 套用“下游”，也就是對分群或分割操作進行後續處理。

本章的訣竅將會說明這些概念。

4.1 使用比較器排序

問題

你想要排序物件。

解決方案

使用 Stream 的 sorted 方法及 Comparator，以 lambda 表達式來實作，或以 Comparator 介面的其中一種靜態方法 compare 來生成。

說明

Stream 的 sorted 方法可依照類別的自然順序來產生一個新的、排序過的串流。自然順序是藉由實作 java.util.Comparable 介面來指定的。

例如，探討排序一個字串集合，見範例 4-1。

範例 4-1. 以字典順序來排序字串

```
private List<String> sampleStrings =
    Arrays.asList("this", "is", "a", "list", "of", "strings");

public List<String> defaultSort() {
    Collections.sort(sampleStrings);  ❶
    return sampleStrings;
}

public List<String> defaultSortUsingStreams() {
    return sampleStrings.stream()
        .sorted()                     ❷
        .collect(Collectors.toList());
}
```

❶ Java 7 以下的預設排序

❶ Java 8 以上的預設排序

Java 在 1.2 版加入 collections 框架之後，曾經有個工具類別稱為 Collections。Collections 的靜態方法 sort 會接收一個 List 引數，但回傳 void。這種排序是破壞性的，它會修改收到的集合。這種做法無法滿足 Java 8 支援的泛函原則所強調的不變性。

Java 8 可對串流使用 sorted 方法做相同的排序，但是它會產生一個新的串流，而不是修改原始的集合。在這個範例中，排序集合之後，回傳的串列會以類別的自然順序排序。對於字串，自然順序是字典順序，當所有字串都是小寫時，會簡化為字母順序，與這個範例一樣。

如果你想要用不同的方式排序字串，有一種多載的 sorted 方法可接收 Comparator 引數。

範例 4-2 以兩種不同的方式展示以字串長度排序。

範例 4-2. 以長度排序字串

```
public List<String> lengthSortUsingSorted() {
    return sampleStrings.stream()
        .sorted((s1, s2) -> s1.length() - s2.length())    ❶
        .collect(toList());
}

public List<String> lengthSortUsingComparator() {
    return sampleStrings.stream()
        .sorted(Comparator.comparingInt(String::length))  ❷
        .collect(toList());
}
```

❶ 使用 lambda 來讓 `Comparator` 以長度排序

❷ 透過 `comparingInt` 方法來使用 `Comparator`

`sorted` 方法的引數是 `java.util.Comparator`，它是個泛函介面。在 `lengthSortUsingSorted` 中，使用 lambda 表達式的目的是實作 `Comparator` 的 `compare` 方法。在 Java 7 之前，實作通常是用匿名內部類別來提供的，但在這裡，你只需要使用 lambda 表達式。

Java 8 加入 `sort(Comparator)` 作為 `List` 的 `default` 實例方法，相當於 `Collections` 的 `static void sort(List, Comparator)`。它們都是破壞性的排序，會回傳 `void`，所以使用這裡討論的串流 `sorted(Comparator)` 方法比較好（會回傳一個新的、排序過的串流）。

第二種方法 `lengthSortUsingComparator` 會利用 `Comparator` 介面新增的一種靜態方法。`comparingInt` 方法會接收一個型態為 `ToIntFunction` 的引數，將字串轉換成整數，呼叫 `keyExtractor`，接著生成一個 `Comparator` 以使用取出的鍵來排序集合。

`Comparator` 新增的 default 方法相當實用。雖然寫出一個以長度進行排序的 `Comparator` 很簡單，但是當你想要用多個欄位來排序時，這種做法可能會很麻煩。如果你要以長度來排序字串，再以字母來排序相同長度的字串。當你使用 `Comparator` 的 default 方法與靜態方法時，這會變成一件很容易的事情，見範例 4-3。

範例 4-3. 以長度排序，接著以字典順序來排序相同長度的字串

```
public List<String> lengthSortThenAlphaSort() {
    return sampleStrings.stream()
        .sorted(comparing(String::length)    ❶
```

```
                .thenComparing(naturalOrder()))
        .collect(toList());
}
```

❶ 以長度排序，接著用字母排序相同長度的字串

Comparator 提供一個稱為 thenComparing 的 default 方法。如同 comparing，它也接收 Function 引數，同樣稱為 keyExtractor。將它與 comparing 連接會回傳一個 Comparator，它會用第一種比較方式來比較，如果結果相同，再用第二種比較方式，以此類推。

靜態的匯入通常可讓程式更容易閱讀。當你習慣 Comparator 與 Collectors 內的靜態方法之後，可以輕鬆地用它們來簡化程式。在這個案例中，comparing 與 naturalOrder 方法都已經被靜態地匯入了。

這種做法可應用於任何類別，即使它沒有實作 Comparable。探討範例 4-4 的 Golfer 類別。

範例 *4-4.* 高爾夫球員類別

```
public class Golfer {
    private String first;
    private String last;
    private int score;

    // ... 其他方法 ...
}
```

要建立比賽的排行榜，合理的做法是先以分數來排名，接著按照姓氏，再接著名字。範例 4-5 展示做法。

範例 *4-5.* 排序高爾夫球員

```
private List<Golfer> golfers = Arrays.asList(
    new Golfer("Jack", "Nicklaus", 68),
    new Golfer("Tiger", "Woods", 70),
    new Golfer("Tom", "Watson", 70),
    new Golfer("Ty", "Webb", 68),
    new Golfer("Bubba", "Watson", 70)
);

public List<Golfer> sortByScoreThenLastThenFirst() {
    return golfers.stream()
        .sorted(comparingInt(Golfer::getScore)
                    .thenComparing(Golfer::getLast)
```

```
                .thenComparing(Golfer::getFirst))
        .collect(toList());
}
```

範例 4-6 是呼叫 sortByScoreThenLastThenFirst 的輸出。

範例 4-6. 排序後的高爾夫球員

```
Golfer{first='Jack', last='Nicklaus', score=68}
Golfer{first='Ty', last='Webb', score=68}
Golfer{first='Bubba', last='Watson', score=70}
Golfer{first='Tom', last='Watson', score=70}
Golfer{first='Tiger', last='Woods', score=70}
```

高爾夫球員先按照分數來排序，所以 Nicklaus 與 Webb 在 Woods 與 Watsons 前面[1]。接著以姓氏來排序相同的分數，這讓 Nicklaus 在 Webb 前面，且 Watson 在 Woods 前面。最後，分數與姓氏相同的會以名字來排序，讓 Bubba Watson 在 Tom Watson 之前。

Comparator 的 default 與靜態方法及 Stream 的新方法 sorted，可讓你輕鬆地生成複雜的排序。

4.2 將串流轉換成集合

問題

你想要在處理串流之後，將它轉換成 List、Set 或其他線性集合。

解決方案

使用 Collectors 工具類別的 toList、toSet 或 toCollection 方法。

1 Ty Webb 來自電影 *Caddyshack*。Judge Smails：“Ty，你今天打得如何？” Ty Webb：“哦，Judge，我沒有記錄分數。” Smails：“那你怎麼衡量你跟其他球員的差距？” Webb：“用身高。” 用身高來排序就當成給讀者的簡單練習。

說明

Java 8 的典型做法通常涉及傳遞元素串流，讓它通過中間操作管道，最後以最終操作完成。其中一種最終操作是 `collect` 方法，它的目的是將一個 `Stream` 轉換成集合。

`Stream` 的 `collect` 方法有兩個多載版本，見範例 4-7。

範例 4-7. Stream 的 collect 方法

```
<R,A> R collect(Collector<? super T,A,R> collector)
<R>   R collect(Supplier<R> supplier,
                BiConsumer<R,? super T> accumulator,
                BiConsumer<R,R> combiner)
```

這個訣竅用第一個版本來處理，它接收一個 `Collector` 引數。Collectors 會執行一個 "可變聚合操作"，將元素收集到一個結果容器內。在此，結果是個集合。

`Collector` 是個介面，所以它無法被實例化。這個介面有一個靜態的 `of` 方法可產生它們，但通常會有更好，或至少更容易的方法。

Java 8 API 經常使用一種靜態方法，稱為 `of`，來作為工廠方法。

在此，`Collectors` 類別內的靜態方法會被用來產生 `Collector` 實例，它們會被當成 `Stream.collect` 的引數，來填充集合。

簡單的範例 4-8 展示如何建立一個 `List`[2]。

範例 4-8. 建立一個 List

```
List<String> superHeroes =
    Stream.of("Mr. Furious", "The Blue Raja", "The Shoveler",
              "The Bowler", "Invisible Boy", "The Spleen", "The Sphinx")
          .collect(Collectors.toList());
```

2　這個訣竅的名稱來自 *Mystery Men*，一部偉大但被忽視的 90 年代電影。(Furious 先生："Lance Hunt 是 Captain Amazing。" Shoveler："但是 Lance Hunt 有戴眼鏡，Captain Amazing 沒有戴眼鏡。" Furious 先生："他會在變形時將它摘下。" Shoveler："怎麼可能？這樣他就看不見了！")

這個方法會建立一個 ArrayList，並以指定的串流元素來填寫它。建立 Set 也很簡單，見範例 4-9。

範例 4-9. 建立一個集合

```
Set<String> villains =
    Stream.of("Casanova Frankenstein", "The Disco Boys",
              "The Not-So-Goodie Mob", "The Suits", "The Suzies",
              "The Furriers", "The Furriers")  ❶
          .collect(Collectors.toSet());
}
```

❶ 重複的名稱，會在轉換成 Set 時移除

這個方法會建立一個 HashSet 的實例並填寫它，內容不會有任何重複。

這兩個範例都使用預設的資料結構，List 用 ArrayList，而 Set 用 HashSet。如果你想要指定特定的資料結構，就得使用 Collectors.toCollection 方法，它會接收一個 Supplier 引數。見範例 4-10。

範例 4-10. 建立一個相連的串列

```
List<String> actors =
    Stream.of("Hank Azaria", "Janeane Garofalo", "William H. Macy",
              "Paul Reubens", "Ben Stiller", "Kel Mitchell", "Wes Studi")
          .collect(Collectors.toCollection(LinkedList::new));
}
```

toCollection 方法的引數是個集合 Supplier，所以 LinkedList 的建構式參考應在這裡提供。collect 方法會實例化一個 LinkedList，接著用指定的名稱來填寫它。

Collectors 類別也有個方法可建立一個物件陣列。toArray 方法有兩種多載：

```
        Object[] toArray();
    <A> A[]      toArray(IntFunction<A[]> generator);
```

前者會回傳一個陣列，裡面有這個串流的元素，但不會指定型態。後接會接收一個函式來產生想要的型態的新陣列，而且它的長度等於串流的大小，它是最容易與範例 4-11 的陣列建構式參考一起使用的一種。

範例 4-11. 建立陣列

```
String[] wannabes =
    Stream.of("The Waffler", "Reverse Psychologist", "PMS Avenger")
          .toArray(String[]::new);  ❶
}
```

❶ 將陣列建構式參考當成 Supplier

回傳的陣列將是指定的型態，它的長度會符合串流中的元素數量。

要轉換成 Map，Collectors.toMap 方法需要兩個 Function 實例，一個用於鍵，一個用於值。

探討包裝了一個 name 與一個 role 的 Actor POJO。如果你有一部電影中 Actor 實例的 Set，範例 4-12 會用它們來建立一個 Map。

範例 4-12. 建立 Map

```
Set<Actor> actors = mysteryMen.getActors();

Map<String, String> actorMap = actors.stream()
    .collect(Collectors.toMap(Actor::getName, Actor::getRole));  ❶

actorMap.forEach((key,value) ->
    System.out.printf("%s played %s%n", key, value));
```

❶ 產生鍵與值的函式

程式的輸出是：

```
Janeane Garofalo played The Bowler
Greg Kinnear played Captain Amazing
William H. Macy played The Shoveler
Paul Reubens played The Spleen
Wes Studi played The Sphinx
Kel Mitchell played Invisible Boy
Geoffrey Rush played Casanova Frankenstein
Ben Stiller played Mr. Furious
Hank Azaria played The Blue Raja
```

類似的程式也可用於 ConcurrentMap，使用 toConcurrentMap 方法。

參見

訣竅 2.2 介紹了 Supplier。訣竅 1.3 介紹建構式參考。訣竅 4.3 也會展示 toMap 方法。

4.3 將線性集合加入 Map

問題

你想要將一個物件集合加入 Map，鍵是物件的其中一個特性，值是物件本身。

解決方案

使用 Collectors 的 toMap 方法，以及 Function.identity。

說明

這是個簡短、焦點非常集中的使用案例，但是這個方案相當方便。

假設你有一個 Book 實例的 List，其中的 Book 是個簡單的 POJO，有 ID、書名與價格。範例 4-13 是 Book 類別的簡短形式。

範例 4-13. 代表書籍的簡單 POJO

```
public class Book {
    private int id;
    private String name;
    private double price;

    // ... 其他方法 ...
}
```

現在假設你有一個 Book 實例的集合，如範例 4-14 所示。

範例 4-14. 書籍集合

```
List<Book> books = Arrays.asList(
    new Book(1, "Modern Java Recipes", 49.99),
    new Book(2, "Java 8 in Action", 49.99),
    new Book(3, "Java SE8 for the Really Impatient", 39.99),
```

```
    new Book(4, "Functional Programming in Java", 27.64),
    new Book(5, "Making Java Groovy", 45.99)
    new Book(6, "Gradle Recipes for Android", 23.76)
);
```

通常你想要用的是 Map，而非 List，其中鍵是書籍 ID，值是書籍本身。使用 Collectors 的 toMap 方法很容易完成這件事，見範例 4-15 的兩種不同的方式。

範例 4-15. 將書籍加入 Map

```
Map<Integer, Book> bookMap = books.stream()
    .collect(Collectors.toMap(Book::getId, b -> b));                ❶

bookMap = books.stream()
    .collect(Collectors.toMap(Book::getId, Function.identity())); ❷
```

❶ Identity lambda：提供一個元素，回傳它

❷ 做同樣事情的 Function 靜態方法 identity

Collectors 的 toMap 方法會接收兩個 Function 實例引數，第一個會生成一個鍵，第二個會用收到的物件來產生值。在這裡，鍵是以 Book 的 getId 方法來對應，值是書籍本身。

範例 4-15 的第一個 toMap 使用 getId 方法來對應鍵，以及用一個明確的 lambda 表達式來只回傳這個參數。第二個範例使用 Function 的靜態方法 identity 來做同樣的事情。

兩個靜態的 Identity 方法

Function 函式的靜態 identity 方法的簽章為

```
static <T> Function<T,T> identity()
```

範例 4-16 是標準程式庫中的實作。

範例 4-16. Function 的靜態 identity 方法

```
static <T> Function<T, T> identity() {
    return t -> t;
}
```

UnaryOperator 類別擴展了 Function，但是你無法覆寫靜態方法。在 Javadocs 中，它也宣告一個靜態 identity 方法：

```
static <T> UnaryOperator<T> identity()
```

在標準程式庫中，它的實作基本上是相同的，見範例 4-17。

範例 4-17. UnaryOperator 的靜態 identity 方法

```
static <T> UnaryOperator<T> identity() {
    return t -> t;
}
```

它們的差異只在於你呼叫它們的方式（用兩個介面名稱），及對應的回傳型態。在這個案例中，你可以使用任何一種，不過知道有這兩種方法是件有趣的事情。

想要提供明確的 lambda，還是使用靜態方法，只是風格的問題。無論哪一種方式，你都可以輕鬆地將集合值加入 Map，其中，鍵是物件的特性，值是物件本身。

參見

訣竅 2.4 討論 Functions，它也討論一元與二元運算子。

4.4 排序 Map

問題

你想要用鍵或值來排序 Map。

解決方案

使用 Map.Entry 介面的新靜態方法。

說明

Map 介面一定含有一個公用、靜態的內部介面，稱為 Map.Entry，它代表一對鍵值。Map.entrySet 方法會回傳一個 Map.Entry 元素的 Set。Java 8 之前，在這個介面中，經常被使用的方法是 getKey 與 getValue，它們做的事情與你想像的相同。

Java 8 加入表 4-1 的靜態方法。

表 4-1. Map.Entry 的靜態方法（來自 Java 8 文件）

機構名稱	網站
comparingByKey()	回傳一個比較器，以鍵的自然順序比較 Map.Entry。
comparingByKey(Comparator<? super K> cmp)	回傳一個比較器，使用指定的 Comparator，以鍵來比較 Map.Entry。
comparingByValue()	回傳一個比較器，以值的自然順序比較 Map.Entry。
comparingByValue(Comparator<? super V> cmp)	回傳一個比較器，使用指定的 Comparator，以值比較 Map.Entry。

為了展示如何使用它們，範例 4-18 會產成一個單字長度的 Map，裡面存有字典中各個長度單字的數量。每一個 Unix 系統在 *usr/share/dict/words* 目錄內都有一個檔案存有 Webster 第二版字典的內容，每個單字一行。Files.lines 方法可讀取檔案，並產生一個含有這些單字行的字串串流。在這個案例中，串流將會儲存字典的每一個單字。

範例 4-18. 將字典檔案讀入 Map

```
System.out.println("\nNumber of words of each length:");
try (Stream<String> lines = Files.lines(dictionary)) {
    lines.filter(s -> s.length() > 20)
        .collect(Collectors.groupingBy(
            String::length, Collectors.counting()))
        .forEach((len, num) -> System.out.printf("%d: %d%n", len, num));
} catch (IOException e) {
    e.printStackTrace();
}
```

訣竅 7.1 將會討論這個範例，不過結論是：

- 這個檔案是在 try-with-resources 區塊內讀取的。Stream 串流實作了 AutoCloseable，所以當 try 區塊存在時，Java 會呼叫 Stream 的 close 方法，接著呼叫 File 的 close 方法。

- 篩選器會在後續的處理將長度限制為至少 20 個字元的單字。
- `Collectors` 的 `groupingBy` 會在第一個引數接收 `Function`，代表分類子（classifier）。在這裡，分類子是每一個字串的長度。如果你只提供一個引數，結果將會是個 `Map`，其中鍵是分類子的值，值是匹配分類子的元素串列。在目前的案例中，`groupingBy(String::length)` 會產生一個 `Map<Integer,List<String>>`，其中的鍵是單字長度，值是該長度的單字串列。
- 在這個案例中，雙引數版本的 `groupingBy` 可讓你提供另一個 `Collector`，稱為**下游收集器**，來後續處理單字串列。在這個案例中，回傳型態是 `Map<Integer,Long>`，其中的鍵是單字長度，值是該長度的單字在字典中的數量。

結果為：

```
Number of words of each length:
21: 82
22: 41
23: 17
24: 5
```

換句話說，長度為 21 的單字有 82 個，長度為 22 的單字有 41 個，長度為 23 的單字有 17 個，長度為 24 的單字有 5 個[3]。

從結果可看出，這個 map 是以單字長度遞增的方式印出的。要查看遞減順序，你可以像範例 4-19 一樣使用 `Map.Entry.comparingByKey`。

範例 4-19. 以鍵來排序 map

```
System.out.println("\nNumber of words of each length (desc order):");
try (Stream<String> lines = Files.lines(dictionary)) {
    Map<Integer, Long> map = lines.filter(s -> s.length() > 20)
        .collect(Collectors.groupingBy(
            String::length, Collectors.counting()));

    map.entrySet().stream()
        .sorted(Map.Entry.comparingByKey(Comparator.reverseOrder()))
        .forEach(e -> System.out.printf("Length %d: %2d words%n",
            e.getKey(), e.getValue()));
```

3 鄭重聲明，這五個最長的單字是 formaldehydesulphoxylate、pathologicopsychological、scientificophilosophical、tetraiodophenolphthalein 與 thyroparathyroidectomize。祝你好運，拚寫檢查員。

```
} catch (IOException e) {
    e.printStackTrace();
}
```

計算 Map<Integer,Long> 之後，這個操作會取出 entrySet 並產生一個串流。Stream 的 sorted 方法的用途是使用所提供的比較器來產生一個已排序的串流。

在這裡，Map.Entry.comparingByKey 會生成一個比較器來以鍵排序，使用接收比較器的多載，可讓我們用程式來指定以反向排序。

Stream 的 sorted 方法會產生一個新的、已排序的串流，不會修改來源。原始的 Map 不會被影響。

結果為：

```
Number of words of each length (desc order):
Length 24:5 words
Length 23:17 words
Length 22:41 words
Length 21:82 words
```

表 4-1 的其他排序方法之用法與這個方法相似。

參見

附錄 A 有額外的範例展示以鍵或值來排序 Map。訣竅 4.6 討論下游收集器。訣竅 7.1 會討論對字典進行檔案操作。

4.5 分割與分群

問題

你想要將一個元素集合分成各個類別。

解決方案

Collectors.partitioningBy 方法可將元素分成滿足與不滿足 Predicate 的集合。Collectors.groupingBy 方法會產生一個 “類別 Map”，其中值是各個類別的元素。

說明

假設你有一個字串集合，如果你想要將它們拆成奇數長度與偶數長度的字串，可像範例 4-20 一樣使用 Collectors.partitioningBy。

範例 4-20. 以奇數或偶數長度來分割字串

```
List<String> strings = Arrays.asList("this", "is", "a", "long", "list", "of",
        "strings", "to", "use", "as", "a", "demo");

Map<Boolean, List<String>> lengthMap = strings.stream()
    .collect(Collectors.partitioningBy(s -> s.length() % 2 == 0)); ❶

lengthMap.forEach((key,value) -> System.out.printf("%5s: %s%n", key, value));
//
// false: [a, strings, use, a]
//  true: [this, is, long, list, of, to, as, demo]
```

❶ 以奇數或偶數長度來分割

這兩個 partitioningBy 方法的簽章是：

```
static <T> Collector<T,?,Map<Boolean,List<T>>> partitioningBy(
    Predicate<? super T> predicate)
static <T,D,A> Collector<T,?,Map<Boolean,D>> partitioningBy(
    Predicate<? super T> predicate, Collector<? super T,A,D> downstream)
```

因為泛型的關係，回傳型態看起來很複雜，但在實際的應用上，我們不常處理它們。事實上，這兩項操作的結果都會變成 collect 方法的引數，collect 方法會使用生成的集合器來生成以第三個泛型引數定義的輸出 map。

第一個 partitioningBy 方法會接收一個 Predicate 引數。它會將元素分成滿足 Predicate 的，與不滿足它的。你可以取得一個有兩個項目的 Map 結果：一個項目是滿足 Predicate 的值串列，與一個是不滿足它的值串列。

這個方法的多載版本會接收型態為 `Collector` 的第二個引數，稱為**下游收集器**。它可讓你後續處理分割回傳的串列，見訣竅 4.6。

`groupingBy` 方法會執行相當於 SQL "group by" 陳述式的操作。它會回傳一個 `Map`，其中，鍵是群組，值是每個群組的元素串列。

如果你從資料庫取得資料，當然可以在那裡做任何分群，但新的 API 方法可方便你在記憶體中處理資料。

`groupingBy` 方法的簽章是：

```
static <T,K> Collector<T,?,Map<K,List<T>>> groupingBy(
Function<? super T,? extends K> classifier)
```

`Function` 引數會接收串流的每一個元素，並取出用來分群的特性。這一次，我們不是單純地將字串分成兩個類別，而是以長度來分割它們，見範例 4-21。

範例 4-21. 以長度來分群字串

```
List<String> strings = Arrays.asList("this", "is", "a", "long", "list", "of",
        "strings", "to", "use", "as", "a", "demo");

Map<Integer, List<String>> lengthMap = strings.stream()
    .collect(Collectors.groupingBy(String::length)); ❶

lengthMap.forEach((k,v) -> System.out.printf("%d: %s%n", k, v));
//
// 1: [a, a]
// 2: [is, of, to, as]
// 3: [use]
// 4: [this, long, list, demo]
// 7: [strings]
```

❶ 以長度來分群字串

產生的 map 的鍵是字串的長度（1、2、3、4 與 7），值是各個長度的字串串列。

參見

訣竅 4.6 延伸我們剛才看過的訣竅，展示如何後續處理 `groupingBy` 或 `partitioningBy` 操作回傳的串列。

4.6 下游收集器

問題

你想要後續處理 groupingBy 或 partitioningBy 操作回傳的集合。

解決方案

使用 java.util.stream.Collectors 類別的其中一種靜態工具方法。

說明

我們在訣竅 4.5 看過如何將元素分成多個種類。partitioningBy 與 groupingBy 方法會回傳一個 Map，它們的鍵是種類（partitioningBy 是布林 true 與 false，groupingBy 是物件），值是屬於各個種類的元素串列。範例 4-20 展示以單數與偶數長度來分割字串的方法，為了方便討論，我們在範例 4-22 重複展示它。

範例 4-22. 以偶數與奇數長度來分割字串

```
List<String> strings = Arrays.asList("this", "is", "a", "long", "list", "of",
        "strings", "to", "use", "as", "a", "demo");

Map<Boolean, List<String>> lengthMap = strings.stream()
    .collect(Collectors.partitioningBy(s -> s.length() % 2 == 0));

lengthMap.forEach((key,value) -> System.out.printf("%5s: %s%n", key, value));
//
// false: [a, strings, use, a]
//  true: [this, is, long, list, of, to, as, demo]
```

你真正感興趣的可能是各個種類有多少個元素，而不是實際的串列。換句話說，你可能只想要取得每一個串列的元素數量，而不是產生一個值為 List<String> 的 Map。partitioningBy 方法有一種多載版本中第二個引數的型態是 Collector：

```
static <T,D,A> Collector<T,?,Map<Boolean,D>> partitioningBy(
    Predicate<? super T> predicate, Collector<? super T,A,D> downstream)
```

這就是靜態的 Collectors.counting 方法一展長才的地方。範例 4-23 是它的工作方式。

範例 4-23. 計算分割後的字串數量

```
Map<Boolean, Long> numberLengthMap = strings.stream()
    .collect(Collectors.partitioningBy(s -> s.length() % 2 == 0,
                Collectors.counting()));  ❶

numberLengthMap.forEach((k,v) -> System.out.printf("%5s: %d%n", k, v));
//
// false:4
//  true:8
```

❶ 下游收集器

它稱為**下游收集器**，因為它會在下游（即，在完成分割操作之後）後續處理之前產生的串列。

`groupingBy` 方法也有一種多載版本可接收下游收集器：

```
/**
* @param <T> 輸入元素的類型
* @param <K> 鍵的類型
* @param <A> 下游收集器的中間累加器類型
* @param <D> 下游聚合的結果類型
* @param classifier 將輸入元素對應到鍵的分類器函數
* @param downstream a {@code Collector} 實作下游聚合
* @return a {@code Collector} 實作串聯分組操作
*/
static <T,K,A,D> Collector<T,?,Map<K,D>>        groupingBy(
    Function<? super T,? extends K> classifier,
    Collector<? super T,A,D> downstream)
```

簽章裡面有一部分的 Javadoc 原始碼註解，說明 `T` 是集合元素的型態，`K` 是結果 map 的鍵型態，`A` 是累加器，`D` 是下游收集器的型態。? 代表“未知”。要進一步瞭解 Java 8 的泛型，請見附錄 A。

`Stream` 有一些方法在 `Collectors` 類別中都有相似的方法。表 4-2 展示它們的對齊方式。

表 4-2. 類似 Stream 方法的 Collectors 方法

Stream	Collectors
count	counting
map	mapping
min	minBy

Stream	Collectors
max	maxBy
IntStream.sum	summingInt
DoubleStream.sum	summingDouble
LongStream.sum	summingLong
IntStream.summarizing	summarizingInt
DoubleStream.summarizing	summarizingDouble
LongStream.summarizing	summarizingLong

同樣的，下游集合器的用途是後續處理上游操作產生的物件集合，例如分割或分群。

參見

訣竅 7.1 將會展示使用下游收集器來決定字典中最長單字的使用範例。訣竅 4.5 將更詳細地討論 partitionBy 與 groupingBy 方法。附錄 A 會討論泛型的所有主題。

4.7 尋找最大與最小值

問題

你想要找出串流中的最大或最小值。

解決方案

你有一些選項：BinaryOperator 的 maxBy 與 minBy 方法、Stream 的 max 與 min 方法，或 Collectors 的 maxBy 與 minBy 工具方法。

說明

BinaryOperator 是 java.util.function 套件的一種泛函介面。它擴展了 BiFunction，適用於函式的兩個引數與回傳值都屬於同一個類別的情況。

BinaryOperator 介面新增兩個靜態方法：

```
static <T> BinaryOperator<T> maxBy(Comparator<? super T> comparator)
static <T> BinaryOperator<T> minBy(Comparator<? super T> comparator)
```

它們都會回傳一個 BinaryOperator 來使用所提供的 Comparator。

為了展示各種從串流取得最大值的方式，將探討一個稱為 Employee 的 POJO，它有三個屬性：name、salary 與 department，見範例 4-24。

範例 *4-24. Employee POJO*

```
public class Employee {
    private String name;
    private Integer salary;
    private String department;

    // ... 其他方法 ...
}

List<Employee> employees = Arrays.asList(                 ❶
        new Employee("Cersei",     250_000, "Lannister"),
        new Employee("Jamie",      150_000, "Lannister"),
        new Employee("Tyrion",       1_000, "Lannister"),
        new Employee("Tywin",    1_000_000, "Lannister"),
        new Employee("Jon Snow",    75_000, "Stark"),
        new Employee("Robb",       120_000, "Stark"),
        new Employee("Eddard",     125_000, "Stark"),
        new Employee("Sansa",            0, "Stark"),
        new Employee("Arya",         1_000, "Stark"));

Employee defaultEmployee =                                ❷
    new Employee("A man (or woman) has no name", 0, "Black and White");
```

❶ 員工集合

❷ 當串流是空的時候的預設值

取得員工集合之後，你可以使用 Stream 的 reduce 方法，它會接收一個 BinaryOperator 引數。範例 4-25 展示如何取得薪水最高的員工。

範例 *4-25.* 使用 *BinaryOperator.maxBy*

```
Optional<Employee> optionalEmp = employees.stream()
    .reduce(BinaryOperator.maxBy(Comparator.comparingInt(Employee::getSalary)));
```

```
System.out.println("Emp with max salary: " +
    optionalEmp.orElse(defaultEmployee));
```

reduce 方法需要一個 BinaryOperator。靜態方法 maxBy 會根據所提供的 Comparator 來產生那個 BinaryOperator，在這個例子中，它會用薪水來比較員工。

這可以運作，但其實有一種方便的方法稱為 max，可直接應用在串流上：

```
Optional<T> max(Comparator<? super T> comparator)
```

範例 4-26 直接使用這個方法。

範例 4-26. 使用 Stream.max

```
optionalEmp = employees.stream()
        .max(Comparator.comparingInt(Employee::getSalary));
```

結果是相同的。

請注意，基本串流（IntStream、LongStream、DoubleStream）也有一種不接收任何引數的方法，稱為 max。範例 4-27 展示這個方法的行為。

範例 4-27. 找出最高薪

```
OptionalInt maxSalary = employees.stream()
        .mapToInt(Employee::getSalary)
        .max();
System.out.println("The max salary is " + maxSalary);
```

在這個案例中，mapToInt 方法的用途是藉由呼叫 getSalary 方法將員工串流轉換成整數串流，而回傳的串流是 IntStream。接著 max 方法會回傳一個 OptionalInt。

Collectors 工具類別也有一種靜態方法稱為 maxBy。你可以在這裡直接使用它，見範例 4-28。

範例 4-28. 使用 Collectors.maxBy

```
optionalEmp = employees.stream()
    .collect(Collectors.maxBy(Comparator.comparingInt(Employee::getSalary)));
```

但是這很不方便，你可以用 Stream 的 max 方法來取代它，如同之前的範例。Collectors 的 maxBy 方法很適合當成下游收集器來使用（即，在後續處理分群或分割操作時）。範例 4-29 的程式使用 Stream 的 groupingBy 來建立一個員工串列的部門 Map，但是接著會找出各個部門中薪水最高的員工。

範例 4-29. 使用 Collectors.maxBy 作為下游收集器

```
Map<String, Optional<Employee>> map = employees.stream()
    .collect(Collectors.groupingBy(
                Employee::getDepartment,
                Collectors.maxBy(
                    Comparator.comparingInt(Employee::getSalary))));

map.forEach((house, emp) ->
        System.out.println(house + ": " + emp.orElse(defaultEmployee)));
```

這些類別的 minBy 方法的工作方式都相同。

參見

訣竅 2.4 討論 Functions。訣竅 4.6 說明下游收集器。

4.8 建立不可變的集合

問題

你想要使用 Stream API 來建立一個不可變的串列、集合或 map。

解決方案

使用 Collectors 類別的新靜態方法 collectingAndThen。

說明

因為泛函程式設計的重點是平行化與簡潔，它會盡可能地使用不可變的物件。Java 1.2 加入的 Collections 框架一直都有一些方法可用既有的集合來建立不可變的集合，雖然有點不方便。

如範例 4-30 所示，Collections 工具類別有 unmodifiableList、unmodifiableSet 與 unmodifiableMap 方法可用（以及一些名稱開頭是 unmodifiable 的其他方法）。

範例 4-30. Collections 類別的 Unmodifiable 方法

```
static <T> List<T>     unmodifiableList(List<? extends T> list)
static <T> Set<T>      unmodifiableSet(Set<? extends T> s)
static <K,V> Map<K,V> unmodifiableMap(Map<? extends K,? extends V> m)
```

在各個方法中，引數都是既有的串列、集合或 map，產生的串列、集合或 map 內的元素都與引數的相同，但有一個重要的差別：所有可以修改集合的方法，例如 add 或 remove，現在都會丟出 UnsupportedOperationException。

在 Java 8 之前，當你使用可變長度引數來接收單個值，會產生一個不可修改的串列或集合，如範例 4-31 所示。

範例 4-31. 在 Java 8 之前建立不可修改的串列或集合

```
@SafeVarargs ❶
public final <T> List<T> createImmutableListJava7(T... elements) {
    return Collections.unmodifiableList(Arrays.asList(elements));
}

@SafeVarargs ❶
public final <T> Set<T> createImmutableSetJava7(T... elements) {
    return Collections.unmodifiableSet(new HashSet<>(Arrays.asList(elements)));
}
```

❶ 你保證不會破壞輸入陣列型態。詳情見附錄 A。

每一種案例的概念都是先接收輸入值，再將它們轉換成 List。你可以使用 unmodifiableList 來包裝之前產生的串列，或者，就 Set 案例而言，在使用 unmodifiableSet 之前，先使用串列作為集合建構式的引數。

在採用新 Stream API 的 Java 8，你可以改用靜態方法 Collectors.collectingAndThen，見範例 4-32。

範例 4-32. 在 Java 8 建立不可修改的串列或集合

```
import static java.util.stream.Collectors.collectingAndThen;
import static java.util.stream.Collectors.toList;
import static java.util.stream.Collectors.toSet;
```

```
// ... 定義一個有以下方法的類別 ...

@SafeVarargs
public final <T> List<T> createImmutableList(T... elements) {
    return Arrays.stream(elements)
        .collect(collectingAndThen(toList(),
                    Collections::unmodifiableList)); ❶
}

@SafeVarargs
public final <T> Set<T> createImmutableSet(T... elements) {
    return Arrays.stream(elements)
        .collect(collectingAndThen(toSet(),
                    Collections::unmodifiableSet)); ❶
}
```

❶ "結束者（finisher）"會包裝生成的集合

`Collectors.collectingAndThen` 方法會接收兩個引數：一個下游的 `Collector` 與一個名為 *finisher* 的 `Function`。這裡的概念是將輸入元素做成串流，接著將它們收集到 `List` 或 `Set` 裡面，再用 unmodifiable 函式包裝產生的集合。

將一系列的輸入元素轉換成不可修改的 `Map` 不太容易看出，部分的原因是哪個輸入元素會被假設為鍵，哪些會被假設為值並不明顯。範例 4-33 的程式[4]會以一種奇怪的方式來建立一個不可變的 `Map`，使用實例初始化程式。

範例 4-33. 建立不可變的 Map

```
Map<String, Integer> map = Collections.unmodifiableMap(
  new HashMap<String, Integer>() {{
    put("have", 1);
    put("the", 2);
    put("high", 3);
    put("ground", 4);
}});
```

但是，熟悉 Java 9 的讀者都知道，我們無法用非常簡單的工廠方法集合來取代這個訣竅：`List.of`、`Set.of` 與 `Map.of`。

4 來自 Carl Martensen 的部落格文章 "Java 9's Immutable Collections Are Easier To Create But Use With Caution"（*http://carlmartensen.com/immutability-made-easy-in-java-9*）。

參見

訣竅 10.3 會展示一種建立不可變集合的 Java 9 新工廠方法。

4.9 實作 Collector 介面

問題

你必須手動實作 `java.util.stream.Collector`，因為 `java.util.stream.Collectors` 類別中，沒有工廠方法可滿足你的需求。

解決方案

為 `Collector.of` 方法使用的 `Supplier`、累加器、結合器與結束函式提供 lambda 表達式或方法參考，以及任何想要的特徵。

說明

工具類別 `java.util.stream.Collectors` 有一些方便的靜態方法，它們的回傳型態是 `Collector`。其中包括 `toList`、`toSet`、`toMap`，甚至 `toCollection`，本書的其他地方會討論它們。你要將實作 `Collector` 類別的實例當成引數送給 `Stream` 的 `collect` 方法。例如，在範例 4-34 中，方法會接收字串引數，並回傳一個 `List`，它裡面只有長度是偶數的字串。

範例 4-34. 使用 collect 回傳 List

```
public List<String> evenLengthStrings(String... strings) {
    return Stream.of(strings)
        .filter(s -> s.length() % 2 == 0)
        .collect(Collectors.toList()); ❶
}
```

❶ 將偶數長度的字串收集到 `List` 裡面

但是，如果你想要編寫自己的 collector，就需要採取較複雜的程序。Collectors 使用五個函式來通力合作，將項目收集到一個可變的容器內，並選擇性地轉換結果。這五個函式稱為 `supplier`、`accumulator`、`combiner`、`finisher` 與 `characteristics`。

我們先從 characteristics 函式談起，它代表一個 enum 型態 Collector.Characteristics 元素的不可變 Set。它可能有三種值：CONCURRENT、IDENTITY_FINISH 與 UNORDERED。CONCURRENT 代表你可以在多個執行緒對結果容器同時呼叫累加器函式。UNORDERED 代表集合操作不需要保留元素的固定順序。IDENTITY_FINISH 代表結束函式會回傳它的引數，且不做任何改變。

請注意，如果預設值是你想要的，則不需要提供任何特徵。

每一種方法的用途是：

supplier()

　使用 Supplier<A> 建立一個累加容器

accumulator()

　使用 Bi Consumer<A,T> 將一個新的資料元素加入累加容器

combiner()

　使用 BinaryOperator<A> 將兩個累加容器合併

finisher()

　使用 Function<A,R> 將累加容器轉換成結果容器

characteristics()

　從列舉值選擇的一個 Set<Collector.Characteristics>

一如往常，瞭解 java.util.function 套件定義的泛函介面可讓你更清楚每一件事情。Supplier 的用途是建立容器來收集暫時性的結果。BiConsumer 會將一個元素加入累加器。BinaryOperator 代表輸入型態與輸出型態都是相同的，所以在這裡的概念是將兩個累加器合併成一個。Function 會在最後將累加器轉換成想要的結果容器。

這些方法都是在收集過程中呼叫的，這個程序（舉例）是用 Stream 的 collect 方法來觸發的。概念上，集合程序相當於範例 4-35 這個來自 Javadocs 的（泛型）程式。

範例 4-35. Collector 方法的用法

```
R container = collector.supplier.get();          ❶
for (T t : data) {
    collector.accumulator().accept(container, t); ❷
}
return collector.finisher().apply(container);     ❸
```

❶ 建立累加容器

❷ 將每一個元素加入累加容器

❸ 使用 finisher 將累加容器轉換成結束容器

顯然這裡沒有任何 `combiner` 函式。如果你的串流是連續的，就不需要使用它，演算法會如同我們談到的方式進行。但是，如果你操作的是平行串流，工作就會被分成多個區域，每一個區域都會產生它自己的累加容器，接著在合併過程中，使用結合器將累加容器合併成一個，再執行結束函式。

見範例 4-36，它類似範例 4-34。

範例 4-36. 使用 collect 回傳不可修改的 SortedSet

```
public SortedSet<String> oddLengthStringSet(String... strings) {
        Collector<String, ?, SortedSet<String>> intoSet =
                Collector.of(TreeSet<String>::new,              ❶
                        SortedSet::add,                          ❷
                        (left, right) -> {                       ❸
                            left.addAll(right);
                            return left;
                        },
                        Collections::unmodifiableSortedSet);    ❹
        return Stream.of(strings)
                .filter(s -> s.length() % 2 != 0)
                .collect(intoSet);
}
```

❶ 建立一個新的 `TreeSet` 的 `Supplier`

❷ 將每一個字串加入 `TreeSet` 的 `BiConsumer`

❸ 將兩個實例結合成一個的 `BinaryOperator`

❹ 建立不可修改集合的 `finisher` 函式

結果將會是個排序過、不可修改的字串集合，以字典順序來排序。

這個範例使用 static of 方法的兩種多載版本之一來產生集合，它們的簽章是：

```
static <T,A,R> Collector<T,A,R> of(Supplier<A> supplier,
    BiConsumer<A,T> accumulator,
    BinaryOperator<A> combiner,
    Function<A,R> finisher,
    Collector.Characteristics... characteristics)
static <T,R> Collector<T,R,R> of(Supplier<R> supplier,
    BiConsumer<R,T> accumulator,
    BinaryOperator<R> combiner,
    Collector.Characteristics... characteristics)
```

因為 Collectors 類別有方便的方法可為你產生集合，你不太需要用這種方式來製作自己的集合。儘管如此，它仍然是實用的技巧，也再次說明 java.util.function 套件的泛函介面如何合作，一起創造有趣的物件。

參見

finisher 函式是個下游 collector 的範例，訣竅 4.6 會更詳細討論。第二章的各個訣竅說明 Supplier、Function 與 BinaryOperator 泛函介面。訣竅 4.2 說明 Collectors 的靜態工具方法。

第五章

串流、Lambda 與方法參考的問題

現在你已經知道 lambda 與方法參考的基本知識，以及如何在串流中使用它們。不過，這個組合會產生一些問題。例如，現在介面可以擁有 default 方法，當類別實作多個介面，且它們使用相同的 default 方法簽章，但採取不同的實作方式時，會發生什麼事？另一種情況，當你在 lambda 表達式中編寫程式，並試著讀取或修改一個在它外面定義的變數時，又會如何？關於例外呢？當你沒有方法簽章可加入 `throws` 子句時，它們在 lambda 表達式中會被如何處理？

這一章要來處理這些問題與其他問題。

5.1 java.util.Objects 類別

問題

你想要使用靜態工具方法來做 null 檢查、比較，以及其他事情。

解決方案

使用 Java 7 新增的 `java.util.Objects` 類別，但它在處理串流期間是有益的。

說明

java.util.Objects 類別是 Java 7 新增的類別中最鮮為人知的一種，它有許多負責不同工作的靜態方法。這些方法包括：

`static boolean deepEquals(Object a, Object b)`

檢查“深度”相等性，這在比較陣列時特別實用。

`static boolean equals(Object a, Object b)`

使用第一個引數的 equals 方法，不過是 null 安全的。

`static int hash(Object... values)`

為連續的輸入值生成雜湊碼。

`static String toString(Object o)`

如果結果不是 null，回傳對引數呼叫 toString 的結果；否則，回傳 null。

`static String toString(Object o, String nullDefault)`

回傳對第一個引數呼叫 toString 的結果，如果第一個引數是 null，就回傳第二個引數。

此外也有一些方法多載可協助驗證引數：

`static <T> T requireNotNull(T obj)`

如果不是 null，回傳 T，否則丟出 NullPointerException（NPE）。

`static <T> T requireNotNull(T obj, String message)`

與之前的方法相同，但 null 引數產生的 NPE 有指定的訊息。

`static <T> T requireNotNull(T obj, Supplier<String> messageSupplier)`

與之前的方法一樣，但是如果第一個引數是 null，會呼叫指定的 Supplier 來產生 NPE 的訊息。

最後一個方法會接收 Supplier<String> 引數，這終於讓這本說明 Java 8 以上版本的書籍有一個納入這個類別的理由。但是，更好的理由來自 isNull 與 nonNull 方法。它們都會回傳一個 boolean：

static boolean isNull(Object obj)

　如果所提供的參考是 null，則回傳 true，否則 false。

static boolean nonNull(Object obj)

　如果所提供的參考不是 null，則回傳 true，否則 false。

這些方法美妙的地方在於它們可當成篩選器的 Predicate 實例來使用。

例如，假設你有個回傳集合的類別，範例 5-1 有一個方法可回傳完整的集合，無論它是什麼，以及一個方法可回傳沒有任何 null 的集合。

範例 5-1. 回傳一個集合，並濾除 null

```
List<String> strings = Arrays.asList(
    "this", null, "is", "a", null, "list", "of", "strings", null);

List<String> nonNullStrings = strings.stream()
    .filter(Objects::nonNull)    ❶
    .collect(Collectors.toList());
```

❶ 濾除 null 元素

你可以使用 Objects.deepEquals 方法來測試它，見範例 5-2。

範例 5-2. 測試篩選器

```
@Test
public void testNonNulls() throws Exception {
    List<String> strings =
        Arrays.asList("this", "is", "a", "list", "of", "strings");
    assertTrue(Objects.deepEquals(strings, nonNullStrings);
}
```

我們可以將這個程序一般化，讓它可以處理字串之外的東西。範例 5-3 的程式會將任何串列的 null 濾除。

範例 5-3. 將泛型串列的 null 濾除

```
public <T> List<T> getNonNullElements(List<T> list) {
    return list.stream()
            .filter(Objects::nonNull)
            .collect(Collectors.toList());
}
```

現在，當方法產生的 `List` 有多個 null 元素時，我們就可以輕鬆地濾除它們。

5.2 Lambda 與實質 Final

問題

你想要於 lambda 表達式中讀取在外面定義的變數。

解決方案

你想要從 lambda 表達式裡面讀取的區域變數必須是 final 或"實質 final"，屬性應可被讀取與修改。

說明

在 90 年代末，當 Java 仍然是嶄新的語言時，偶爾會有開發者使用 Swing 使用者介面程式庫來編寫使用方 Java 應用程式。如同所有 GUI 程式庫，Swing 組件是事件驅動的：組件會生成事件，而監聽者會做出反應。

因為替每一個組件編寫專屬的監聽器被認為是一種良好的做法，大家通常會用匿名內部類別來實作監聽器。這可讓它們保持模組化，但使用內部類別有額外的好處：在內部類別裡的程式可以讀取與修改外部類別的私用屬性。例如，`JButton` 實例可生成一個 `ActionEvent`，而 `ActionEventListener` 介面有一個名為 `actionPerformed` 的方法，如果有一個實作被註冊為監聽器時，它就會被呼叫。見範例 5-4。

範例 5-4. 簡單的 Swing 使用者介面

```
public class MyGUI extends JFrame {
    private JTextField name = new JTextField("Please enter your name");
```

```
    private JTextField response = new JTextField("Greeting");
    private JButton button = new JButton("Say Hi");

    public MyGUI() {
        // ... 無關的 GUI 設定程式 ...
        String greeting = "Hello, %s!";                        ❶
        button.addActionListener(new ActionListener() {
            @Override
            public void actionPerformed(ActionEvent e) {
                response.setText(
                    String.format(greeting, name.getText());   ❷
                // greeting = "Anything else";                 ❸
            }
        });
    }
}
```

❶ 區域變數

❷ 取得區域變數與屬性

❸ 修改區域變數（不可編譯）

greeting 字串是在建構式內定義的區域變數。name 與 response 變數是類別的屬性。ActionListener 介面被寫成匿名內部類別，它有一個 actionPerformed 方法。在內部類別裡的程式可以：

- 讀取屬性，例如 name 與 response
- 修改屬性（不過這裡並未展示）
- 讀取區域變數 greeting
- **無法**修改區域變數

事實上，在 Java 8 之前，編譯器會要求你將 greeting 變數宣告為 final。在 Java 8，變數不需要被宣告成 final，但它必須是***實質 final***。換句話說，任何想要改變區域變數值的程式都無法編譯。

當然，在 Java 8，匿名的內部類別必須被換成 lambda 表達式，見範例 5-5。

範例 5-5. 監聽器的 lambda 表達式

```
String greeting = "Hello, %s!";
button.addActionListener(e ->
    response.setText(String.format(greeting,name.getText())));
```

這適用同樣的規則。`greeting` 變數不需要被宣告成 `final`，但它必須實質 final，否則程式無法編譯。

如果你不喜歡 Swing，以下是另一種解決這個問題的方式。假設你想要總和一個 `List` 內的值，請見範例 5-6。

範例 5-6. 總和串列內的值

```
List<Integer> nums = Arrays.asList(3, 1, 4, 1, 5, 9);

int total = 0;                               ❶
for (int n : nums) {                         ❷
    total += n;
}

total = 0;
nums.forEach(n -> total += n);               ❸

total = nums.stream()                        ❹
            .mapToInt(Integer::valueOf)
            .sum()
```

❶ 區域變數 `total`

❷ 傳統的 for-each 迴圈

❸ 修改 lambda 內的區域變數：將無法編譯

❹ 將串流轉換成 `IntStream`，並呼叫 `sum`

這段程式宣告一個名為 `total` 的區域變數。使用傳統的 for-each 來算出總和可良好地運作。

定義在 `Iterable` 裡面的 `forEach` 方法會接收一個 `Consumer` 引數，但如果取用方試著修改 `total` 變數，程式將無法編譯。

當然，要解決這個問題，正確的方式是將串流轉換成 `IntStream`，於是它就會有一個 `sum` 方法，因而不會牽涉任何區域變數。

技術上，如果函式與可讀取的變數都在函式的環境內定義時，稱為 *closure*。根據這個定義，Java 有一種灰色地帶—你可以讀取區域變數，但不能修改它。你可以說 Java 8 lambda 其實是 Java 8 lambdas，因為它們封閉了值，而非變數[1]。

參見

其他的語言對於 closure 變數採取不同的規則。例如，Groovy 可讓你修改它們，雖然這不是良好的做法。

5.3 亂數串流

問題

你想要取得一個在指定範圍內的整數、long 或 double 的亂數串流。

解決方案

使用 `java.util.Random` 的靜態 `ints`、`longs` 與 `doubles` 方法。

說明

如果你只需要一個亂數 double，靜態的 `Math.random` 方法很方便。它會回傳一個介於 0.0 與 1.0 的 double 值[2]。這個程序相當於實例化 `java.util.Random` 類別，並呼叫 `nextDouble` 方法。

---

1 那麼，為什麼 Java 8 lambda 不稱為 closure？根據 Bruce Eckel 的說法，"closure" 這個術語已經被過度使用，容易產生爭議。"當有人說真正的 closure 時，通常也代表他第一次在某個語言遇到的，某個稱為 closure 所代表的意思。" 要瞭解更多資訊，可查看他的部落格文章 "Are Java 8 Lamdas Closures?"。（http://bit.ly/eckel-java-8-lambdas）

2 Javadocs 說，回傳值是在該範圍內，"使用（接近）均勻分布來選擇的偽亂數"，談到亂數產生器，這說明你應該採取的預防措施。

Random 類別有一個建構式，可讓你指定一個種子。如果你指定相同的種子，就會取得相同的亂數順序，這有助於測試。

但是如果你想要亂數的連續串流，Java 8 的 Random 類別有加入一些方法可回傳它們，包括 ints、longs 與 doubles，它們的簽章是（不包含各種多載）：

```
IntStream    ints()
LongStream   longs()
DoubleStream doubles()
```

各個方法的多載版本可讓你指定結果串流的大小，與生成的數字之最小與最大值。例如：

```
DoubleStream doubles(long streamSize, double randomNumberOrigin,
    double randomNumberBound)
```

回傳的串流會產生你所指定 streamSize 數量的偽亂數 double 值，它們都大於或等於 randomNumberOrigin，並絕對小於 randomNumberBound。

不需指定 streamSize 的版本會回傳一個"實質無限"的串流。

如果你不指定最小或最大值，它們的 doubles 預設值是零與一，ints 是 Integer 的完整範圍，longs 是（實質）Long 的完整範圍，結果分別就像多次呼叫 nextDouble、nextInt 或 nextLong。

見範例 5-7 的示範。

範例 5-7. 生成亂數的串流

```
Random r = new Random();
r.ints(5)                      ❶
 .sorted()
 .forEach(System.out::println);

r.doubles(5, 0, 0.5)           ❷
 .sorted()
 .forEach(System.out::println);

List<Long> longs = r.longs(5)
                    .boxed()   ❸
                    .collect(Collectors.toList());
System.out.println(longs);
```

```
List<Integer> listOfInts = r.ints(5, 10, 20)
    .collect(LinkedList::new, LinkedList::add, LinkedList::addAll); ❹
System.out.println(listOfInts);
```

❶ 五個整數亂數

❷ 介於 0（含）與 0.5（不含）間的五個 double 亂數

❸ 將 long 轉換成 Long，讓它們可被收集

❹ 除了呼叫 boxed 之外的另一種 collect 形式

後兩個範例處理的是當你想要建立一個基本型態的集合時，可能出現的小問題。訣竅 3.2 談過，你不能對基本型態集合呼叫 collect(Collectors.toList())。在訣竅 32 中建議，你可以使用 boxed 方法將 long 值轉換成 Long 的實例，或使用三個引數版本的 collect，並自行指定 Supplier、累加器與結合器，如範例所示。

值得一提的是，SecureRandom 是 Random 的子類別。它提供了一個強大的加密亂數產生器。所有的方法（ints、longs、doubles 與它們的多載）也可以在 SecureRandom 使用，只是使用不同的產生器。

參見

訣竅 3.2 討論 Stream 的 boxed 方法。

5.4 Map 的預設方法

問題

你想要在元素已存在或不存在時，才在 Map 中替換元素或加入元素，或是做其他相關的操作。

解決方案

使用 java.util.Map 介面的其中一種新 default 方法，例如 computeIfAbsent、computeIfPresent、replace、merge 等等。

說明

Java 早在 1.2 版加入其餘的 collections 框架時，就已經有 `Map` 介面了。Java 8 在介面中加入 default 方法，因此有一些新的方法也被加入 `Map`。

表 5-1 展示出這些新方法。

表 5-1. Map 的預設方法

方法	用途
`compute`	根據既有的鍵與值計算新值
`computeIfAbsent`	如果指定的鍵存在，則回傳它的值，否則使用所提供的函式計算並儲存它
`computeIfPresent`	計算新值來取代既有的值
`forEach`	迭代一個 `Map`，將每一個鍵與值傳給取用者
`getOrDefault`	如果在 `Map` 中指定的鍵，則回傳它的值，否則回傳預設值
`merge`	如果在 `Map` 沒有指定的鍵，則回傳所提供的值，否則計算新值
`putIfAbsent`	如果在 `Map` 沒有指定的鍵，則將它指派給所提供的值
`remove`	當鍵匹配指定的值時，移除這個鍵的項目
`replace`	將既有的鍵換成新的值
`replaceAll`	將 `Map` 內的每一個項目換成“將指定的函式套用到目前的項目”產生的結果

這個我們已經使用了十幾年的介面有許多新方法。其中有些方法的確很方便。

computeIfAbsent

`computIfAbsent` 方法完整的簽章是：

```
V computeIfAbsent(K key, Function<? super K, ? extends V> mappingFunction)
```

當你為方法呼叫式的結果建立快取時，這個方法特別實用。例如，考慮典型的 Fibonacci 數字遞迴計算。

大於 1 的 Fibonacci 數字等於前兩個 Fibonacci 數字的總和[3]，見範例 5-8。

3　你應該聽過這個笑話：“據說，今年的 Fibonacci 會議會與前兩屆合起來一樣好。”

範例 *5-8.* 遞迴計算 *Fibonacci* 數字

```
long fib(long i) {
    if (i == 0) return 0;
    if (i == 1) return 1;
    return fib(i - 1) + fib(i - 2); ❶
}
```

❶ 相當沒有效率

問題在於 `fib(5) = fib(4) + fib(3) = fib(3) + fib(2) + fib(2) + fib(1) = ...`，還有許多重複的計算。處理這個問題的方式是使用快取，採用一種在泛函程式設計中稱為**記憶化**（*memoization*）的技術。範例 5-9 是修改程式來儲存 `BigInteger` 實例的結果。

範例 *5-9.* 用快取來計算 *Fibonacci*

```
private Map<Long, BigInteger> cache = new HashMap<>();

public BigInteger fib(long i) {
    if (i == 0) return BigInteger.ZERO;
    if (i == 1) return BigInteger.ONE;

    return cache.computeIfAbsent(i, n -> fib(n - 2).add(fib(n - 1))); ❶
}
```

❶ 如果值存在，cache 會回傳值，否則會計算並儲存它

這個計算使用一個快取，其中的鍵是所提供的數字，值是對應的 Fibonacci 數字。`computeIfAbsent` 方法會在快取中尋找指定的數字。如果它存在，則回傳值，否則使用所提供的 `Function` 來計算新值，將它存入快取，並回傳它。這對單一方法而言是很大的改善。

computeIfPresent

`computeIfPresent` 方法的完整簽章是：

```
V computeIfPresent(K key,
    BiFunction<? super K, ? super V, ? extends V> remappingFunction)
```

`computeIfPresent` 方法只會在 map 內已經有與它相關的鍵時，才會更新值。如果你要解析文字，並計算每一個單字出現的次數，這是常見的計算，稱為 concordance。但是，

如果你只在乎某些特定的關鍵字，就可以使用 computeIfPresent 來更新它們。見範例 5-10。

範例 5-10. 只更新特定單字的數量

```
public Map<String,Integer> countWords(String passage, String... strings) {
    Map<String, Integer> wordCounts = new HashMap<>();

    Arrays.stream(strings).forEach(s -> wordCounts.put(s, 0));    ❶

    Arrays.stream(passage.split(" ")).forEach(word ->             ❷
        wordCounts.computeIfPresent(word, (key, val) -> val + 1));

    return wordCounts;
}
```

❶ 將我們在乎的單字放入 map，將其數量設為零

❷ 讀取 passage，只更新我們在乎的單字數量

藉由先在 map 中放入你在乎的單字，並將數量設為零，computeIfPresent 方法只會更新那些值。

如果你使用文字的 passage 及以逗號分隔的單字來執行這段程式，將會取得想要的結果，如範例 5-11 所示。

範例 5-11. 呼叫 countWords 方法

```
String passage = "NSA agent walks into a bar.Bartender says, " +
    "'Hey, I have a new joke for you.' Agent says, 'heard it'.";

Map<String, Integer> counts = demo.countWords(passage, "NSA", "agent", "joke");
counts.forEach((word, count) -> System.out.println(word + "=" + count));


// 輸出為 agent=1, NSA=2, joke=1
```

只有你想要的單字才能成為 map 的鍵，所以只有它們才會更新數量。一如往常，我們使用 Map 的預設方法 forEach 來印出值，它會接收一個 BiConsumer，其引數是鍵與值。

其他的方法

replace 方法的工作方式類似 put 方法，但只有在鍵已經存在時。如果鍵不存在，replace 方法不會做任何事情，但 put 會加入一個 null 鍵，這可能不是你要的行為。

replace 方法有兩種多載：

```
V replace(K key, V value)
boolean replace(K key, V oldValue, V newValue)
```

第一種多載只有在 map 的鍵已經有值時，才會將值換掉。第二種多載只會在目前的值是指定的值時，才會做替換。

getOrDefault 方法可處理一個麻煩的問題：使用不存在的鍵對 Map 呼叫 get 時，會得到 null。它很實用，但只會回傳預設值，不會將該值加入 map。

getOrDefault 的簽章是：

```
V getOrDefault(Object key, V defaultValue)
```

getOrDefault 方法會在 map 內沒有該鍵時回傳預設值，但不會將鍵加入 map。

merge 方法相當實用。它的完整簽章是：

```
V merge(K key, V value,
            BiFunction<? super V, ? super V, ? extends V> remappingFunction)
```

假設你想要一個文字片段的完整單字數量 map，而不是只有特定單字的數量，一般你會遇到兩種情況：如果單字已經在 map 裡面，則更新數量；否則將它放入 map，並將數量設為一。使用 merge 可簡化這個程序，見範例 5-12。

範例 5-12. 使用 merge 方法

```
public Map<String, Integer> fullWordCounts(String passage) {
    Map<String, Integer> wordCounts = new HashMap<>();
    String testString = passage.toLowerCase().replaceAll("\\W"," ");  ❶

    Arrays.stream(testString.split("\\s+")).forEach(word ->
        wordCounts.merge(word, 1, Integer::sum));                     ❷

    return wordCounts;
}
```

❶ 移除大小寫與標點符號

❷ 加入或更新指定單字的數量

`merge` 方法會接收鍵與預設值，如果 map 裡面還沒有那個鍵，就會插入它。否則 `merge` 會使用 `BinaryOperator`（在這裡是 `Integer` 的 `sum` 方法），用舊值計算新值。

希望這個訣竅可讓你知道 `Map` 的新 default 方法提供了一些方便的技術來協助你。

5.5 default 方法衝突

問題

你有一個實作了兩個介面的類別，它們都含有相同的 default 方法，但採用不同的實作。

解決方案

在你的類別內實作方法。你的實作仍然可以透過 `super` 關鍵字來使用介面提供的 default 方法。

說明

Java 8 在介面中同時支援靜態與 default 方法。default 方法是有實作的，會被類別繼承。這可讓介面在加入新方法的同時，不會破壞既有的類別實作。

因為類別可以實作多個介面，所以可能會繼承多個有相同的簽章，但採取不同實作的方法，類別也可能已經有自己的 default 方法版本。

發生這種情形時，有三種可能：

- 如果類別的方法與介面的 default 方法有任何衝突，類別一定勝出。
- 如果衝突是介於兩個介面之間，且其中一個介面是另一個的後代，則後代會勝出，與它們在類別的行為相同。
- 如果兩個 default 方法間沒有繼承關係，類別將無法編譯。

在最後一種情況下，你只要實作類別內的方法，一切都可恢復正常。這讓第三種情況變成第一種。

舉例來說，探討範例 5-13 的 Company 介面與範例 5-14 的 Employee 介面。

範例 5-13. 有預設方法的 Company 介面

```
public interface Company {
    default String getName() {
        return "Initech";
    }

    // 其他的方法
}
```

default 關鍵字指出，getName 方法是個 default 方法，它提供一個回傳公司名稱的實作。

範例 5-14. 有預設方法的 Employee 介面

```
public interface Employee {
    String getFirst();

    String getLast();

    void convertCaffeineToCodeForMoney();

    default String getName() {
        return String.format("%s %s", getFirst(), getLast());
    }
}
```

Employee 介面也含有一個稱為 getName 的 default 方法，它的簽章與 Company 內的相同，但使用不同的實作。範例 5-15 的 CompanyEmployee 類別實作了這兩個介面，造成衝突。

範例 5-15. 第一次嘗試 CompanyEmployee（無法編譯）

```
public class CompanyEmployee implements Company, Employee {
    private String first;
    private String last;

    @Override
    public void convertCaffeineToCodeForMoney() {
        System.out.println("Coding...");
    }
```

```
    @Override
    public String getFirst() {
        return first;
    }

    @Override
    public String getLast() {
        return last;
    }
}
```

因為 CompanyEmployee 繼承不相關的 getName default，這個類別無法編譯。要修復它，你必須在類別加入自己的 getName 版本，以覆寫兩個 default。

但是，你仍然可以透過 super 關鍵字來使用所提供的 default，見範例 5-16。

範例 5-16. CompanyEmployee 的修改版本

```
public class CompanyEmployee implements Company, Employee {

    @Override
    public String getName() {                                        ❶
        return String.format("%s working for %s",
            Employee.super.getName(), Company.super.getName());      ❷
    }

    // ... 其餘與之前相同 ...
}
```

❶ 實作 getName

❷ 用 super 來使用 default 實作

在這個版本，類別內的 getName 方法會用 Company 與 Employee 提供的預設版本建立一個 String。

好消息是，default 方法不會更複雜了，你已經知道所有需要知道的事情。

不過，我們還有一個邊緣案例需要探討。如果 Company 介面含有 getName，但未被標為 default（且沒有實作，讓它是抽象的），是否會因為 Employee 也有相同的方法而造成衝突？有趣的是，答案是肯定的，你仍然必須在 CompanyEmployee 類別中提供實作。

當然，如果相同的方法出現在兩個介面中，而且都不是 default，它就是在 Java 8 之前可能出現的情況。這不會造成衝突，但類別必須提供實作。

參見

訣竅 1.5 討論介面的 default 方法。

5.6 迭代集合與 Maps

問題

你想要迭代集合或 map。

解決方案

使用在 `Iterable` 與 `Map` 中加入的 default `forEach` 方法。

說明

你可以使用已被加入 `Iterable` 的新 default 方法 `forEach`，而不是使用迴圈來迭代線性集合（即，實作 `Collection` 或它的其中一個後代的類別）。

在 Javadocs 中，它的簽章是：

```
default void forEach(Consumer<? super T> action)
```

`forEach` 的引數型態是 `Consumer`，它是被加入 `java.util.function` 套件的泛函介面之一。`Consumer` 代表一個會接收一個泛型參數並回傳結果的操作。文件表示，"與多數其他泛函介面不同的是，`Consumer` 預計是透過副作用（side effects）來操作的。"

純函式的操作沒有副作用，所以使用相同的參數執行函式一定會取得相同的結果。在泛函程式設計中，這稱為參考透明性（*referential transparency*），也就是你可以用函式的對應值來取代它。

因為 java.util.Collection 是 Iterable 的子介面，forEach 方法可用於所有線性集合，從 ArrayList 到 LinkedHashSet。因此迭代它們很簡單，見範例 5-17。

範例 5-17. 迭代線性集合

```
List<Integer> integers = Arrays.asList(3, 1, 4, 1, 5, 9);

integers.forEach(new Consumer<Integer>() {      ❶
    @Override
    public void accept(Integer integer) {
        System.out.println(integer);
    }
});

integers.forEach((Integer n) -> {               ❷
    System.out.println(n);
});

integers.forEach(n -> System.out.println(n));   ❸

integers.forEach(System.out::println);          ❹
}
```

❶ 匿名內部類別實作

❷ 區塊 lambda 的完整形式

❸ lambda 表達式

❹ 方法參考

匿名內部類別版本只是為了展示 Consumer 介面的 accept 方法之簽章。從內部類別可看出，accept 方法接收一個引數，並回傳 void。這裡的 lambda 版本與它相容。因為每一個 lambda 版本都會呼叫 System.out 的 println 方法，那個方法可當成方法參考來使用，如最後一個版本所示。

Map 介面也有一個 forEach 預設方法。在此範例中，它的簽章接收一個 BiConsumer：

```
default void forEach(BiConsumer<? super K, ? super V> action)
```

BiConsumer 是 java.util.function 套件的另一個新介面。它代表一個接收兩個泛型引數，並回傳 void 的函式。當介面在 Map 的 forEach 方法內被實作時，引數會變成 entrySet 中 Map.Entry 實例的鍵與值。

也就是說，現在迭代 Map 與迭代 List、Set 或任何其他線性集合一樣簡單。見範例 5-18。

範例 5-18. 迭代 Map

```
Map<Long, String> map = new HashMap<>();
map.put(86L, "Don Adams (Maxwell Smart)");
map.put(99L, "Barbara Feldon");
map.put(13L, "David Ketchum");
map.forEach((num, agent) ->
    System.out.printf("Agent %d, played by %s%n", num, agent));
```

範例 5-19 是迭代的輸出[4]。

範例 5-19. 迭代 Map 的輸出

```
Agent 99, played by Barbara Feldon
Agent 86, played by Don Adams (Maxwell Smart)
Agent 13, played by David Ketchum
```

在 Java 8 之前，若要迭代 Map，你必須先使用 keySet 或 entrySet 方法取得鍵的 Set 或 Map.Entry 實例，接著迭代它。使用新的 default forEach 方法，迭代簡單多了。

請記得，我們無法用任何一種簡單的方法跳出 forEach。可以考慮以 filter 與（或）sorted，之後再使用 findFirst 來重寫你的串流處理程式。

參見

訣竅 2.1 討論泛函介面 Consumer 與 BiConsumer。

5.7 使用 Supplier 來記錄

問題

你想要建立一個記錄訊息，但只在記錄等級允許它被看到時。

4 這些範例取自古老的電視影集 *Get Smart*，播出時間是 1965 到 1970 年。Maxwell Smart 基本上是 James Bond 與 Inspector Clouseau 的愚蠢組合，是製作人 Mel Brooks 與 Buck Henry 創造的角色。

解決方案

使用 Logger 類別中接收 Supplier 的新記錄多載。

說明

在 java.util.logging.Logger 內的記錄方法，例如 info、warning 或 severe，現在有兩種多載的版本：一種會接收一個 String 引數，另一種會接收一個 Supplier<String>。

例如，範例 5-20 展示各種記錄方法的簽章 [5]。

範例 *5-20. java.util.logging.Logger* 的記錄方法多載

```
void config(String msg)
void config(Supplier<String> msgSupplier)

void fine(String msg)
void fine(Supplier<String> msgSupplier)

void finer(String msg)
void finer(Supplier<String> msgSupplier)

void finest(String msg)
void finest(Supplier<String> msgSupplier)

void info(String msg)
void info(Supplier<String> msgSupplier)

void warning(String msg)
void warning(Supplier<String> msgSupplier)

void severe(String msg)
void severe(Supplier<String> msgSupplier)
```

在每一個方法中，接收 String 的版本屬於 Java 1.4 的原始 API。Supplier 版本是 Java 8 新增的。當你在標準程式庫中查看 Supplier 版本的實作時，可看到範例 5-21 的程式。

5 你可能會想，為什麼 Java logging 框架的設計者不使用其他記錄 API 使用的記錄等級（trace、debug、info、warn、error 與 fatal）？這是個很棒的問題。如果你找到答案的話，請告訴我。

範例 5-21. Logger 類別的實作細節

```
public void info(Supplier<String> msgSupplier) {
    log(Level.INFO, msgSupplier);
}

public void log(Level level, Supplier<String> msgSupplier) {
    if (!isLoggable(level)) {                              ❶
        return;
    }
    LogRecord lr = new LogRecord(level, msgSupplier.get()); ❷
    doLog(lr);
}
```

❶ 如果訊息不會被顯示，則 return

❷ 呼叫 get 來從 Supplier 取得訊息

這個實作會檢查訊息是否“可顯示記錄”，而不是建構一個永遠不會被顯示的訊息。如果訊息是以簡單的字串提供，它會被檢查是否會被記錄。使用 Supplier 的版本可讓開發者在訊息前面加上空括號與一個箭頭，將它轉換成 Supplier，這個 Supplier 只會在適當的記錄等級時被呼叫。範例 5-22 展示如何使用兩種 info 的多載。

範例 5-22. 在 info 方法中使用 Supplier

```
private Logger logger = Logger.getLogger(this.getClass().getName());
private List<String> data = new ArrayList<>();

// ... 使用資料來填寫串列 ...

logger.info("The data is " + data.toString());       ❶
logger.info(() -> "The data is " + data.toString()); ❷
```

❶ 引數一定會被建構

❷ 引數只會在記錄等級可顯示 info 訊息時被建構

在這個範例中，訊息會對串列內的每一個物件呼叫 toString 方法。在第一個案例中，無論程式顯示訊息與否，都會形成產生的字串。藉由在記錄引數前面加上 () -> 來將它轉換成 Supplier，代表 Supplier 的 get 方法唯有在訊息會被使用時，才會被呼叫。

將引數替換成相同型態的 Supplier，這項技術稱為**延遲執行**（*deferred execution*），可在建立物件的成本可能會很昂貴的情況下使用。

參見

延遲執行是 Supplier 的其中一項主要的使用案例。訣竅 2.2 討論 Supplier。

5.8 Closure 組合

問題

你想要連續應用一系列小型、獨立的函式。

解決方案

使用在 Function、Consumer 與 Predicate 介面中被定義為 defaults 的組合方法。

說明

泛函程式設計的其中一項優點在於，你可以建立小型、可重複使用的函式，並結合它們來解決較大型的問題。為了支援這項功能，java.util.function 套件內的泛函介面加入一些方法使你更容易組合。

例如，Function 介面有兩個 default 方法，範例 5-23 是它們的簽章。

範例 5-23. java.util.function.Function 內的組合方法

```
default <V> Function<V,R>        compose(Function<? super V,? extends T> before)
default <V> Function<T,V>        andThen(Function<? super R,? extends V> after)
```

在 Javadocs 內的虛擬引數名稱指出每一種方法的任務。compose 方法會在原始函式**之前**應用它的引數，而 andThen 會在原始函式**之後**應用它的引數。

為了證明這一點，請參考範例 5-24 的案例。

範例 5-24. 使用 compose 與 andThen 方法

```
Function<Integer, Integer> add2 = x -> x + 2;
Function<Integer, Integer> mult3 = x -> x * 3;
```

```
Function<Integer, Integer> mult3add2 = add2.compose(mult3);   ❶
Function<Integer, Integer> add2mmult3 = add2.andThen(mult3);  ❷

System.out.println("mult3add2(1): " + mult3add2.apply(1));
System.out.println("add2mult3(1): " + add2mult3.apply(1));
```

❶ 先 mult3，接著 add2

❷ 先 add2，接著 mult3

add2 函式會對它的引數加 2。mult3 函式會對它的引數乘以 3。因為 mult3add2 是用 compose 來製作的，它會先執行 mult3 函式，接著 add2 函式，而使用 andThen 函式的 add2mult3 的執行順序則相反。

應用各個組合函式的結果是：

```
mult3add2(1):5 // 因為 (1 * 3) + 2 == 5
add2mult3(1):9 // 因為 (1 + 2) * 3 == 9
```

組合的結果是個函式，所以這個程序會建立新的操作備用。舉例來說，假設你用 HTTP 請求的一部份接收資料，也就是說它是以字串形式來傳遞的。你已經有一個方法可操作資料，但唯有在它已經是數字時才可以。如果這件事經常發生，你可以組合一個函式，先解析字串資料再套用數值操作。見範例 5-25。

範例 5-25. 將字串解析成整數，接著加 2

```
Function<Integer, Integer> add2 = x -> x + 2;
Function<String, Integer> parseThenAdd2 = add2.compose(Integer::parseInt);
System.out.println(parseThenAdd2.apply("1"));
// 印出 3
```

新函式 parseThenAdd2 會呼叫靜態的 Integer.parseInt 方法，再將結果加 2。用另一種方式，你可以定義一個函式，在數值操作後呼叫 toString 方法，見範例 5-26。

範例 5-26. 加上一個數字，接著轉換成字串

```
Function<Integer, Integer> add2 = x -> x + 2;
Function<Integer, String> plus2toString = add2.andThen(Object::toString);
System.out.println(plus2toString.apply(1));
// 印出 "3"
```

這項操作會回傳一個函式，它會接收一個 Integer 引數，並回傳一個 String。

Consumer 介面也有一個方法可用於 closure 組合，見範例 5-27。

範例 *5-27.* 使用 *Consumer* 的 *closure* 組合

```
default Consumer<T> andThen(Consumer<? super T> after)
```

Consumer 的 Javadocs 解釋：andThen 方法會回傳一個組合好的 Consumer 來執行 Consumer 引數後的原始操作。如果任何一項操作丟出例外，它會被丟到組合操作的呼叫方。

請見範例 5-28。

範例 *5-28.* 組合好的 *Consumer*，用來列印與記錄

```
Logger log = Logger.getLogger(...);
Consumer<String> printer = System.out::println;
Consumer<String> logger = log::info;

Consumer<String> printThenLog = printer.andThen(logger);
Stream.of("this", "is", "a", "stream", "of", "strings").forEach(printThenLog);
```

這段程式建立兩個 consumer，一個用來在主控台上列印，一個用來記錄。consumer 組合會對串流的每一個元素執行列印與記錄。

Predicate 介面有三個方法可用來組合條件敘述，見範例 5-29。

範例 *5-29. Predicate* 介面的組合方法

```
default Predicate<T>    and(Predicate<? super T> other)
default Predicate<T>    negate()
default Predicate<T>    or(Predicate<? super T> other)
```

你應該可以猜到，and、or 與 negate 方法的用途是以邏輯 and、邏輯 or 與邏輯 not 操作來組合條件敘述。它們都會回傳一個條件敘述組合。

舉個有趣的例子，探討整數的特性。“完全平方數” 是一個它的平方根也是整數的數字。而 “三角形數” 代表使用該數量的物件可排成一個等邊三角形 [6]。

6 詳情請見 *https://en.wikipedia.org/wiki/Triangular_number*。三角形數是當房間內的每一個人都與別人握手一次時的總握手次數。

範例 5-30 的程式展示計算完全平方數與三角形數的方法，以及如何使用 and 方法找到同時屬於兩者的數字。

範例 5-30. 也是完全平方數的三角形數

```
public static boolean isPerfect(int x) {      ❶
    return Math.sqrt(x) % 1 == 0;
}

public static boolean isTriangular(int x) {   ❷
    double val = (Math.sqrt(8 * x + 1) - 1) / 2;
    return val % 1 == 0;
}

// ...
IntPredicate triangular = CompositionDemo::isTriangular;
IntPredicate perfect = CompositionDemo::isPerfect;
IntPredicate both = triangular.and(perfect);

IntStream.rangeClosed(1, 10_000)
        .filter(both)
        .forEach(System.out::println);        ❸
```

❶ 例如：1, 4, 9, 16, 25, 36, 49, 64, 81, …

❷ 例如：1, 3, 6, 10, 15, 21, 28, 36, 45, …

❸ 同屬於兩者（1 與 10,000 之間）：1, 36, 1225

你可以透過組合方法利用簡單函式的小型程式庫建立複雜的操作[7]。

參見

訣竅 2.4 討論函式，訣竅 2.1 討論取用者，訣竅 2.3 討論條件敘述。

7 Unix 作業系統採取這個概念，有類似的優點。

5.9 使用擷取出來的方法處理例外

問題

在 lambda 表達式中的程式需要丟出例外，但你不想要因為使用例外處理程式，而讓 lambda 區塊變得一團亂。

解決方案

建立另一個方法，在那裡處理例外，接著在你的 lambda 表達式中呼叫外面的方法。

說明

lambda 表達式實質上是泛函介面的單一抽象方法的實作。如同匿名內部類別，lambda 表達式只能丟出在抽象方法簽章中宣告的例外。

如果你的例外是 unchecked（不需要檢查的），情況比較簡單。unchecked 例外的共同祖先是 `java.lang.RuntimeException`[8]。如同任何 Java 程式，lambda 表達式不需要宣告執行階段例外，或將程式包在 try/catch 區塊內，就可以丟出執行階段例外。接著，這個例外會被傳播到呼叫方。

例如，有個方法可將集合的所有元素除以一個常數，見範例 5-31。

範例 5-31. 可能會丟出 unchecked 例外的 lambda 表達式

```
public List<Integer> div(List<Integer> values, Integer factor) {
    return values.stream()
        .map(n -> n / factor)  ❶
        .collect(Collectors.toList());
}
```

❶ 可能丟出 `ArithmeticException`

---

8 這難道不是在整個 Java API 中，名稱取得最爛的類別嗎？所有例外都是在執行階段丟出的；否則它們就是編譯階段錯誤，那個類別是不是應該稱為 `UncheckedException` 才對？為了強調這種情況會愚蠢到什麼程度，Java 8 也加入一個新類別 `java.io.UncheckedIOException`，只為了避免這個訣竅談到的一些問題。

如果分母是零，整數除法可能會丟出 ArithmeticException（一種 unchecked 例外）[9]。它會被傳播至呼叫方，見範例 5-32。

範例 5-32. 使用方程式

```
List<Integer> values = Arrays.asList(30, 10, 40, 10, 50, 90);
List<Integer> scaled = demo.div(values, 10);
System.out.println(scaled);
// 印出： [3, 1, 4, 1, 5, 9]

scaled = demo.div(values, 0);
System.out.println(scaled);
// 丟出 ArithmeticException: / by zero
```

使用方程式呼叫 div 方法，如果除數是零，lambda 表達式會丟出 ArithmeticException。使用方可在 map 方法內加入一個 try/catch 區塊來處理例外，但是這會產生很醜陋的程式（見範例 5-33）。

範例 5-33. 使用 try/catch 的 Lambda 表達式

```
public List<Integer> div(List<Integer> values, Integer factor) {
    return values.stream()
        .map( n -> {
            try {
                return n / factor;
            } catch (ArithmeticException e) {
                e.printStackTrace();
            }
        })
        .collect(Collectors.toList());
}
```

這個程序甚至也可以有效處理 checked 例外，只要 checked 例外是在泛函介面內宣告的即可。

盡可能保持串流處理程式簡單通常是良好的做法，你的目標應該是為每一個中間操作編寫一行程式。在這種情況下，你可以將 map 內的函式移往一個方法，並藉由呼叫它來完成串流處理，見範例 5-34。

9 有趣的是，如果值與除數都被改為 Double 而非 Integer，我們就完全不需要丟出例外，即使除數是 0.0。你會得到所有元素都是"無限大"的結果。信不信由你，根據 IEEE 754 規格，二進位電腦在處理浮點值時，這是正確的行為（也讓我以前在用…呃…Fortran 寫程式時非常頭痛；那場惡夢已經結束，但花了一段時間）。

範例 5-34. 擷取 lambda，放入一個方法

```
private Integer divide(Integer value, Integer factor) {
    try {
        return value / factor;
    } catch (ArithmeticException e) {  ❶
        e.printStackTrace();
    }
}

public List<Integer> divUsingMethod(List<Integer> values, Integer factor) {
    return values.stream()
        .map(n -> divide(n, factor))  ❷
        .collect(Collectors.toList());
}
```

❶ 在這裡處理例外

❷ 串流程式已經簡化

順道一提，如果擷取出來的方法不需要 `factor` 值，`map` 的引數可簡化為方法參考。

這項將 lambda 取至個別方法的技術還有一些優點。你可以為取出來的方法編寫測試程式（如果方法是私用的，使用反射）、在它裡面設定斷點，或採用與方法有關的任何其他機制。

參見

訣竅 5.10 會討論有 checked 例外的 lambda 表達式。訣竅 5.11 會討論使用泛型包裝方法來包裝例外。

5.10 Checked 例外與 Lambda

問題

你有個會丟出 checked 例外的 lambda 表達式，而且你在泛函介面內實作的抽象方法並未宣告這個例外。

解決方案

在 lambda 表達式加入 try/catch 區塊，或委派一個擷取出來的方法處理它。

說明

lambda 表達式實質上是泛函介面的單一抽象方法的實作。因此，lambda 表達式只能丟出在抽象方法簽章內宣告的 checked 例外。

假設你想要使用 URL 呼叫一項服務，且需要用字串參數集合組成一個查詢字串。你必須將參數編碼，讓它們可在 URL 中使用。Java 為此提供一種類別，其名稱自然是 `java.net.URLEncoder`，它有一個靜態方法 `encode` 可接收一個 `String`，並根據指定的編碼格式來編碼它。

在這種情況下，你寫的程式會長得像範例 5-35。

範例 5-35. 以 URL 格式來編碼字串集合（注意：無法編譯）

```
public List<String> encodeValues(String... values) {
    return Arrays.stream(values)
        .map(s -> URLEncoder.encode(s, "UTF-8")))  ❶
        .collect(Collectors.toList());
}
```

❶ 會丟出 `UnsupportedEncodingException`，你必須處理它

這個方法會接收一個可變長度字串串列引數，並試著以 `UREncoder.encode` 方法，採用建議的 `UTF-8` 編碼來處理每一個元素。不幸的是，這段程式無法編譯，因為該方法丟出一個（checked）`UnsupportedEncodingException`。

你可能會試著宣告由 `encodeValues` 方法丟出該例外，但這是無效的（見範例 5-36）。

範例 5-36. 宣告例外（也無法編譯）

```
public List<String> encodeValues(String... values)
    throws UnsupportedEncodingException {  ❶
        return Arrays.stream(values)
            .map(s -> URLEncoder.encode(s, "UTF-8")))
            .collect(Collectors.toList());
}
```

❶ 從外圍的方法丟出例外也無法編譯

問題在於，從 lambda 丟出例外，就像用一個方法來建立一個完全獨立的類別，並從那裡丟出例外。將 lambda 想成匿名內部類別的實作是有幫助的，因為如此一來，你就可以明白要在內部物件丟出例外，你仍然必須在那裡處理或宣告，而不是在周圍的物件中。範例 5-37 的程式，展示出匿名內部類別版本與 lambda 表達式版本。

範例 5-37. 用 try/catch 來做 URL 編碼（正確）

```
public List<String> encodeValuesAnonInnerClass(String... values) {
    return Arrays.stream(values)
        .map(new Function<String, String>() {          ❶
            @Override
            public String apply(String s) {            ❷
                try {
                    return URLEncoder.encode(s, "UTF-8");
                } catch (UnsupportedEncodingException e) {
                    e.printStackTrace();
                    return "";
                }
            }
        })
        .collect(Collectors.toList());
}

public List<String> encodeValues(String... values) {    ❸
    return Arrays.stream(values)
        .map(s -> {
            try {
                return URLEncoder.encode(s, "UTF-8");
            } catch (UnsupportedEncodingException e) {
                e.printStackTrace();
                return "";
            }
        })
        .collect(Collectors.toList());
}
```

❶ 匿名內部類別

❷ 含有將會丟出 checked 例外的程式

❸ Lambda 表達式版本

因為 apply 方法（Function 的單一抽象方法）並未宣告任何 checked 例外，你必須在實作它的 lambda 表達式內加入一個 try/catch 區塊。如果你用這裡展示的方式來使用 lambda 表達式，甚至不會看到 apply 方法簽章，就算你想要修改它（這是無論如何不被允許的）。

範例 5-38 這個版本使用取出的方法來編碼。

範例 5-38. 將 URL 編碼委派給一個方法

```
private String encodeString(String s) {  ❶
    try {
        return URLEncoder.encode(s, "UTF-8");
    } catch (UnsupportedEncodingException e) {
        throw new RuntimeException(e);
    }
}

public List<String> encodeValuesUsingMethod(String... values) {
    return Arrays.stream(values)
        .map(this::encodeString)        ❷
        .collect(Collectors.toList());
}
```

❶ 取出的方法，用來處理例外

❷ 取出的方法之方法參考

這是可行的，而且很容易實作。它也提供一個可讓你單獨測試或除錯的方法。唯一的缺點是，你必須為每一種可能會丟出例外的操作擷取一個方法。但是，之前的訣竅談過，它也可以方便你測試處理串流的組件。

參見

訣竅 5.9 討論如何使用擷取出來的方法處理 lambda 內的例外。訣竅 5.11 討論例外的泛型包裝器。

5.11 使用泛型例外包裝器

問題

你有一個會丟出例外的 lambda 表達式，但想要使用一個泛型包裝器捕捉所有的 checked 例外，並以 unchecked 丟出它們。

解決方案

建立特殊的例外類別，並加入一個泛型方法來接收它們，並回傳沒有例外的 lambda。

說明

訣竅 5.9 與 5.10 都展示如何委派一個方法來處理從 lambda 表達式丟出的例外。不幸的是，你必須為每一種可能丟出例外的方法定義一個私用方法。你可以用*泛型包裝器*來讓它更通用。

要採取這種做法，你要定義一個泛函介面，裡面有個方法宣告它會丟出 `Exception`，並使用包裝方法將它連接到你的程式。

例如，`Stream` 的 `map` 方法需要一個 `Function`，但是 `Function` 的 `apply` 方法並未宣告任何 checked 例外。如果你想要在一個可能丟出 checked 例外的 `map` 中使用 lambda 表達式，可先建立一個獨立的泛函介面，宣告它會丟出 `Exception`，見範例 5-39。

範例 5-39. 有個會丟出 Exception 的 Function 之泛函介面

```
@FunctionalInterface
public interface FunctionWithException<T, R, E extends Exception> {
    R apply(T t) throws E;
}
```

現在你可以加入一個包裝方法來接收 `FunctionWithException`，在 try/catch 區塊內包裝 `apply` 方法，並回傳 `Function`，見範例 5-40。

範例 5-40. 處理例外的包裝方法

```
private static <T, R, E extends Exception>
    Function<T, R> wrapper(FunctionWithException<T, R, E> fe) {
        return arg -> {
            try {
                return fe.apply(arg);
            } catch (Exception e) {
                throw new RuntimeException(e);
            }
        };
}
```

`wrapper` 方法可接收會丟出任何 `Exception` 的程式，並在必要的 try/catch 區塊內組建，同時委派給 `apply` 方法。在這裡，`wrapper` 是 `static`，但是你不一定要如此。結果是，你可以使用會丟出例外的任何 `Function` 呼叫包裝方法，見範例 5-41。

範例 5-41. 使用泛型靜態包裝方法

```
public List<String> encodeValuesWithWrapper(String... values) {
    return Arrays.stream(values)
        .map(wrapper(s -> URLEncoder.encode(s, "UTF-8")))  ❶
        .collect(Collectors.toList());
}
```

❶ 使用 `wrapper` 方法

現在你可以在會丟出任何例外的 `map` 操作中編寫程式，`wrapper` 方法會以 unchecked 將它重新丟出。這種做法的缺點是，你準備使用的每一個泛函介面都需要使用個別的泛型包裝方法，例如 `ConsumerWithException`、`SupplierWithException` 等等。

這種複雜程度，可讓我們知道為何有一些 Java 框架（例如 Spring 與 Hibernate），甚至整個語言（例如 Groovy 與 Kotlin）會捕捉所有的 checked 例外，並以 unchecked 重新丟出它們。

參見

訣竅 5.10 曾經討論使用 checked 例外的 lambda 表達式。訣竅 5.9 說明擷取為方法的方式。

第六章

Optional 型態

唉，為何與 Optional 有關的所有東西都必須接收 300 個訊息？

— *Brian Goetz*，*lambda*、程式庫、規格專家
郵寄清單（*2013* 年 10 月）

Java 8 API 加入一種名為 java.util.Optional<T> 的新類別。雖然許多開發者都認為 Optional 的目標是將程式內的 NullPointerExceptions 移除，但這並不是它真正的目的。相反，Optional 的設計是為了在回傳值可能是合法的 null 時與使用者溝通。這種情況會在“使用某個條件來篩選的串流剛好沒有剩餘的元素時”發生。

在 Stream API 中，以下的方法會在串流中沒有剩餘元素時回傳 Optional：reduce、min、max、findFirst、findAny。

Optional 的實例可能是兩種狀態之一：T 型態實例的參考，或空的。前者稱為 *present*，後者稱為 *empty*（相較於 null）。

雖然 Optional 是種參考型態，但你永遠都不應該將一個 null 值指派給它。這樣做是一種嚴重的錯誤。

這一章會討論道地的 Optional 用法。雖然你的公司或許已經很熱烈地討論 Optional 適當的用法[1]，好消息是，它的正確用法有標準的建議。依循這些訣竅，可協助保持你的目的的明確性以及可維護性。

1　我在這裡用的是很圓滑的說法。

6.1 建立 Optional

問題

你必須以既有的值回傳 Optional。

解決方案

使用 Optional.of、Optional.ofNullable 或 Optional.empty。

說明

如同 Java 8 API 的許多新類別，Optional 的實例是不可變的。API 指出，Optional 是個**基於值的類別**，代表實例：

- 是最終且不可變的（不過它們可以含有可變物件的參考）[2]
- 沒有公用建構式，因此必須用工廠方法來實例化
- 有 equals、hashCode 與 toString 的實作，只基於它們的狀態

Optional 與不可變性

Optional 的實例是不可變的，但它們包裝的物件不一定如此。如果你建立一個含有可變物件實例的 Optional，實例仍然可以修改。見範例 6-1。

範例 6-1. Optional 不可變嗎？

```
AtomicInteger counter = new AtomicInteger();
Optional<AtomicInteger> opt = Optional.ofNullable(counter);

System.out.println(optional);                    // Optional[0]

counter.incrementAndGet();                       ❶
System.out.println(optional);                    // Optional[1]
```

2 關於不可變性，請見專欄。

```
optional.get().incrementAndGet();                   ❷

System.out.println(optional); // Optional[2]

optional = Optional.ofNullable(new AtomicInteger()); ❸
```

❶ 直接使用計數器來遞增

❷ 取回內含值並遞增

❸ 你可以重新指派 Optional 參考

你可以使用原始參考來修改內含的值，或呼叫 Optional 的 get 取得的值。你甚至可以重新指派參考本身，基本上，這意味著不可變與 final 是兩件事情。你不能做的是修改 Optional 實例本身，因為沒有方法可做這件事。

"不可變"這個字的概念，在 Java 中經常有灰色地帶，Java 並沒有一種良好、內建的方式可以建立一種只會產生不可變物件的類別。

建立 Optional 的靜態工廠方法是 empty、of 與 ofNullable，它們的簽章是：

```
static <T> Optional<T> empty()
static <T> Optional<T> of(T value)
static <T> Optional<T> ofNullable(T value)
```

empty 方法回傳的自然是空的 Optional。of 方法會回傳一個 Optional 來包裝指定的值，或當引數是 null 時，丟出例外。範例 6-2 是 Java 期望的用法。

範例 6-2. 使用"of"來建立 Optional

```
public static <T> Optional<T> createOptionalTheHardWay(T value) {
    return value == null ? Optional.empty() :Optional.of(value);
}
```

範例 6-2 的方法名稱有"The Hard Way"，原因不是它特別困難，而是較簡單的做法是使用 ofNullable 方法，見範例 6-3。

範例 6-3. 使用“ofNullable”建立 Optional

```
public static <T> Optional<T> createOptionalTheEasyWay(T value) {
    return Optional.ofNullable(value);
}
```

事實上，在 Java 8 的參考實作中，`ofNullable` 的實作是 `createOptionalTheHardWay` 那一行：檢查內含值是不是 null，如果是，則回傳空的 `Optional`，否則使用 `Optional.of` 來包裝它。

順道一提，類別 `OptionalInt`、`OptionalLong` 與 `OptionalDouble` 包裝的是永遠不會是 null 的基本型態，所以它們只有一個 `of` 方法：

```
static OptionalInt    of(int value)
static OptionalLong   of(long value)
static OptionalDouble of(double value)
```

這些類別的 getter 方法是 `getAsInt`、`getAsLong` 與 `getAsDouble`，而不是 `get`。

參見

本章的其他訣竅，例如訣竅 6.4 與 6.5 也會建立 `Optional` 值，不過是從所提供的集合。訣竅 6.3 使用這個訣竅的方法來包裝所提供的值。

6.2 從 Optional 取出值

問題

你想要從 `Optional` 取出一個值。

解決方案

使用 `get` 方法，但只在你確定 `Optional` 裡面有個值時。否則使用 `orElse` 的其中一種變化版本。如果你只想要在有值存在時執行 `Consumer`，也可以使用 `ifPresent`。

說明

如果你呼叫的方法會回傳 `Optional`，可藉由呼叫 `get` 方法來取得內含的值。但是如果 `Optional` 是空的，`get` 方法會丟出 `NoSuchElementException`。

探討一個會回傳字串串流中第一個偶數長度字串的方法，見範例 6-4。

範例 6-4. 取得第一個偶數長度字串

```
Optional<String> firstEven =
    Stream.of("five", "even", "length", "string", "values")
    .filter(s -> s.length() % 2 == 0)
    .findFirst();
```

`findFirst` 方法會回傳一個 `Optional<String>`，因為可能沒有任何串流的字串可通過篩選器。你可以對 `Optional` 呼叫 `get` 以印出回傳的值：

```
System.out.println(firstEven.get())  // 不要做這件事，即使可以動作
```

問題在於，雖然它可以動作，但除非你確定 `Optional` 有值，否則永遠不要對它呼叫 `get`，不然將會陷入例外被丟出的風險，見範例 6-5。

範例 6-5. 取得第一個偶數長度的字串

```
Optional<String> firstOdd =
    Stream.of("five", "even", "length", "string", "values")
          .filter(s -> s.length() % 2 != 0)
          .findFirst();

System.out.println(firstOdd.get()); // 丟出 NoSuchElementException
```

該如何處理這個問題？你有幾個選擇。第一個是檢查 `Optional` 裡面是否有值，再取出它，見範例 6-6。

範例 6-6. 使用受保護的 get 來取得第一個偶數長度字串

```
Optional<String> firstEven =                                   ❶
    Stream.of("five", "even", "length", "string", "values")
          .filter(s -> s.length() % 2 == 0)
          .findFirst();

System.out.println(
    first.isPresent() ? first.get() :"No even length strings"); ❷
```

❶ 與之前相同

❷ 只在 isPresent 回傳 true 時，才呼叫 get

雖然這段程式可以動作，但我們只加入 isPresent 檢查來取代 null 檢查，這說不上是太大的改善。

幸運的是，有一種很好的替代方案可採用，也就是使用非常方便的 orElse 方法，見範例 6-7。

範例 6-7. 使用 orElse

```
Optional<String> firstOdd =
    Stream.of("five", "even", "length", "string", "values")
        .filter(s -> s.length() % 2 != 0)
        .findFirst();


System.out.println(firstOdd.orElse("No odd length strings"));
```

orElse 方法會在內含值存在時回傳它，否則回傳所提供的預設值。因此如果你有後備值可用時，它是一種方便的方法。

orElse 有不同的版本：

- orElse(T other) 會在值存在時回傳它，否則回傳預設值 other
- orElseGet(Supplier<? extends T> other) 會在值存在時回傳它，否則會呼叫 Supplier 並回傳結果
- orElseThrow(Supplier<? extends X> exceptionSupplier) 會在值存在時回傳它，否則丟出 Supplier 建立的例外

orElse 與 orElseGet 的差別在於，前者一定會回傳一個建立出來字串，無論 Optional 內有沒有值，而後者使用一個 Supplier，只會在 Optional 是空的時才會執行它。

在這個範例中，值是個簡單的字串，所以差異很小。但是，如果 orElse 的引數是個複雜的物件，orElseGet 與 Supplier 可確保物件只在必要時被執行，見範例 6-8。

範例 6-8. 在 orElseGet 中使用 Supplier

```
Optional<ComplexObject> val = values.stream.findFirst()

val.orElse(new ComplexObject());            ❶
val.orElseGet(() -> new ComplexObject())    ❷
```

❶ 一定會建立新物件

❷ 只在必要時建立新物件

使用 Supplier 作為方法引數是延遲（*deferred*）或惰性執行（*lazy execution*）的案例。它可讓你只在必要時呼叫 Supplier 的 get 方法[3]。

範例 6-9 是程式庫內的 orElseGet 實作。

範例 6-9. 在 JDK 內的 Optional.orElseGet 實作

```
public T orElseGet(Supplier<? extends T> other) {
    return value != null ? value : other.get();  ❶
}
```

❶ value 是 Optional 之中型態為 T 的 final 屬性

orElseThrow 方法也會接收 Supplier。從 API 可看到，它的方法簽章是：

```
<X extends Throwable> T orElseThrow(Supplier<? extends X> exceptionSupplier)
```

因此，在範例 6-10 中，被當成 Supplier 引數使用的建構式參考在 Optional 有值時不會執行。

範例 6-10. 使用 orElseThrow 作為 Supplier

```
Optional<String> first =
    Stream.of("five", "even", "length", "string", "values")
        .filter(s -> s.length() % 2 == 0)
        .findFirst();

System.out.println(first.orElseThrow(NoSuchElementException::new));
```

3 詳細的說明見 Venkat Subramaniam 的書籍 *Functional Programming in Java*（(Pragmatic Programmers, 2014）的第六章。

最後，ifPresent 方法可讓你提供一個 Consumer，它只會在 Optional 含有值時執行，見範例 6-11。

範例 6-11. 使用 ifPresent 方法

```
Optional<String> first =
    Stream.of("five", "even", "length", "string", "values")
        .filter(s -> s.length() % 2 == 0)
        .findFirst();

first.ifPresent(val -> System.out.println("Found an even-length string"));
first = Stream.of("five", "even", "length", "string", "values")
    .filter(s -> s.length() % 2 != 0)
    .findFirst();

first.ifPresent(val -> System.out.println("Found an odd-length string"));
```

這個案例只會印出訊息 "Found an even-length string"。

參見

訣竅 2.2 介紹 Supplier。訣竅 1.3 介紹建構式參考。訣竅 3.9 討論 Stream 會回傳 Optional 的 findAny 與 findFirst 方法。

6.3 Getters 與 Setters 內的 Optional

問題

你想要在取值方法與存值方法裡面使用 Optional。

解決方案

將 getter 方法的結果包入 Optional，不過不要為 setter 做相同的事情，特別是不要為屬性做這件事。

說明

Optional 資料型態會在某項操作的結果可能是合法 null 的情況下與使用者溝通，而非丟出 NullPointerException。但是，Optional 類別是故意設計成**無法**被序列化的，所以你不應該用它來包裝類別內的欄位（fields）。

因此，要在 getter 與 setter 中加入 Optional，首選的機制是在從 getter 方法回傳時，在它裡面包裝可以是 null 的屬性，但你不可在 setter 中做相同的事情，見範例 6-12。

範例 6-12. 在 DAO 層中使用 Optional

```
public class Department {
    private Manager boss;

    public Optional<Manager> getBoss() {
        return Optional.ofNullable(boss);
    }

    public void setBoss(Manager boss) {
        this.boss = boss;
    }
}
```

在 Department 中，Manager 屬性 boss 被視為可能是 null[4]。你可能會被誤導，製作型態為 Optional<Manager> 的屬性，但是因為 Optional 是不可序列化的，所以 Department 也是。

這裡展示的做法，並不是要求使用者在呼叫 setter 方法之前，要先將值包入 Optional，而是當 setBoss 接收 Optional<Manager> 引數時才需要做的事情。Optional 的目的是指出一個可能是合法 null 的值，但使用方已經知道這個值是否為 null，所以這裡的內部實作不在乎這一點。

最後，在 getter 方法中回傳 Optional<Manager> 可告知呼叫方：現在老闆可能在部門內，或可能不在，一切都是 OK 的。

這種做法的缺點在於，多年來，"JavaBeans" 的做法是根據屬性來平行地定義 getter 與 setter。事實上，Java 的**特性**（*property*）（相較於屬性（attribute））的定義是：你要有

4 然而，或許這只是一廂情願但吸引人的想法。

遵循標準模式的 getters 與 setters。這個訣竅的做法違反這種模式。getter 與 setter 已不再是對稱的。

這也是有些開發者說 Optional 完全不應該出現在 getter 與 setter 的（部分）原因。它們反而應該被視為不應對使用方公開的內部實作細節。

但是，使用 Object-Relational Mapping（ORM）工具（例如 Hibernate）的開放原始碼開發者很喜歡採取這裡使用的做法。他們考慮的重點是想要告知使用方：你已經取得可能是 null 的資料庫欄位來支持這個特定欄位，因此不會讓使用方也在 setter 包裝一個參考。

這看起來是個合理的妥協，但是，你的看法可能會有所不同。

參見

訣竅 6.5 使用這個 DAO 範例來將 ID 集合轉換成員工集合。訣竅 6.1 討論將值包入一個 Optional。

6.4 Optional flatMap V.S. map

問題

你想要避免將一個 Optional 包在另一個 Optional 裡面。

解決方案

使用 Optional 的 flatMap 方法。

說明

訣竅 3.11 已討論過 Stream 的 map 與 flatMap 方法。不過，flatMap 的概念是通用的，也可以應用在 Optional。

Optional 的 flatMap 方法的簽章是：

```
<U> Optional<U> flatMap(Function<? super T, Optional<U>> mapper)
```

它很像 Stream 的 map，因為 Function 引數會被套用到每一個元素，並產生一個結果，在這裡，它的型態是 Optional<U>。更具體地說，如果引數 T 存在，flatMap 會對它套用函式，並回傳一個包裝值的 Optional。如果引數不存在，方法會回傳空的 Optional。

訣竅 6.3 談過，Data Access Object (DAO) 通常是以回傳 Optional 的 getter 方法寫成的（如果特性可為 null），但 setter 方法不會用 Optional 來包裝它們的引數。參考 Manager 類別，它有個不可為 null 的字串稱為 name，與一個 Department 類別，它有個可為 null 的 Manager 稱為 boss，見範例 6-13。

範例 6-13. 使用 Optional 的部分 DAO 層

```
public class Manager {
    private String name;                    ❶

    public Manager(String name) {
        this.name = name;
    }

    public String getName() {
        return name;
    }
}

public class Department {
    private Manager boss;                   ❷
    public Optional<Manager> getBoss() {    ❷
        return Optional.ofNullable(boss);
    }

    public void setBoss(Manager boss) {
        this.boss = boss;
    }
}
```

❶ 預設不會是 null，所以不需要 Optional

❷ 可能是 null，所以包裝 getter 會以 Optional 回傳，但 setter 不會

如果使用方對 Department 呼叫 getBoss 方法，結果會被包在 Optional 內。見範例 6-14。

範例 6-14. 回傳一個 Optional

```
Manager mrSlate = new Manager("Mr. Slate");

Department d = new Department();
d.setBoss(mrSlate);                              ❶
System.out.println("Boss: " + d.getBoss());      ❷


Department d1 = new Department();                ❸
System.out.println("Boss: " + d1.getBoss());     ❹
```

❶ 有個不會是 null 經理的部門

❷ 印出 `Boss: Optional[Manager{name='Mr. Slate'}]`

❸ 沒有經理的部門

❹ 印出 `Boss: Optional.empty`

到目前為止，一切都很好。如果 `Department` 有個 `Manager`，getter 方法會將它包在 `Optional` 裡面並回傳。如果沒有，方法會回傳一個空的 `Optional`。

問題在於，當你想要取得 `Manager` 的名字時，不能對 `Optional` 呼叫 `getName`。你要從 `Optional` 取出內含的值，或使用 `map` 方法（範例 6-15）。

範例 6-15. 從 Optional 經理取得名字

```
System.out.println("Name: " +
        d.getBoss().orElse(new Manager("Unknown")).getName());      ❶

System.out.println("Name: " +
        d1.getBoss().orElse(new Manager("Unknown")).getName());

System.out.println("Name: " + d.getBoss().map(Manager::getName));   ❷
System.out.println("Name: " + d1.getBoss().map(Manager::getName));
```

❶ 在呼叫 `getName` 之前，從 `Optional` 取出老闆

❷ 使用 `Optional.map` 對內含的 `Manager` 執行 `getName`

`map` 方法（訣竅 6.5 會進一步說明）只會在它所呼叫的 `Optional` 不是空的時，才會應用指定的方法，所以它是比較簡單的做法。

如果 Optional 是被鏈結的，情況比較複雜。假設 Company 可能有個 Department（只有一個，為了保持程式簡單），見範例 6-16。

範例 6-16. 一間可能只有一個部門的公司（只有一個，為了簡化）

```
public class Company {
    private Department department;

    public Optional<Department> getDepartment() {
        return Optional.ofNullable(department);
    }

    public void setDepartment(Department department) {
        this.department = department;
    }
}
```

如果你對 Company 呼叫 getDepartment，結果會被包在 Optional 裡面。當你接著想要取得經理時，可能會使用範例 6-15 的 map 方法。不過這會造成一個問題，因為結果是被包在 Optional 內的 Optional（範例 6-17）。

範例 6-17. 被包在 Optional 內的 Optional

```
Company co = new Company();
co.setDepartment(d);

System.out.println("Company Dept: " + co.getDepartment());          ❶

System.out.println("Company Dept Manager: " + co.getDepartment()
    .map(Department::getBoss));                                      ❷
```

❶ 印出 Company Dept: Optional[Department{boss=Manager{name='Mr.Slate'}}]

❷ 印出 Company Dept Manager: Optional[Optional[Manager{name='Mr.Slate'}]]

這就是 Optional 的 flatMap 可派上用場的時機。你可以使用 flatMap 壓平結構，來只取得一個 Optional。見範例 6-18，假設公司是以上一個範例的方法建立的。

範例 6-18. 對公司使用 flatMap

```
System.out.println(
    co.getDepartment()              ❶
        .flatMap(Department::getBoss)  ❷
        .map(Manager::getName));       ❸
```

❶ `Optional<Department>`

❷ `Optional<Manager>`

❸ `Optional<String>`

現在，也在 Optional 內包裝公司，見範例 6-19。

範例 6-19. 對 optional 公司使用 flatMap

```
Optional<Company> company = Optional.of(co);

System.out.println(
    company                                  ❶
        .flatMap(Company::getDepartment)     ❷
        .flatMap(Department::getBoss)        ❸
        .map(Manager::getName)               ❹
);
```

❶ `Optional<Company>`

❷ `Optional<Department>`

❸ `Optional<Manager>`

❹ `Optional<String>`

呼！如範例所示，你甚至可將公司包入 Optional，接著重複使用 Optional.flatMap 來取得想要的特性，最後以 Optional.map 操作結束。

參見

訣竅 6.1 討論將值包在 Optional 裡面。訣竅 3.11 討論 Stream 的 flatMap 方法。訣竅 6.3 說明在 DAO 階層中使用 Optional。訣竅 6.5 討論 Optional 的 map 方法。

6.5 對應 Optional

問題

你想要對 Optional 實例的集合執行一個函式，但只有在它們含有值時。

解決方案

使用 Optional 的 map 方法。

說明

假設你有一個員工 ID 值串列，並且想要取得對應的員工實例集合。如果 findEmployeeById 方法的簽章是

```
public Optional<Employee> findEmployeeById(int id)
```

那麼，它搜尋所有員工後，會回傳 Optional 實例的集合，其中有些可能是空的。接著你可以濾除空的 Optional，見範例 6-20。

範例 6-20. 以 ID 找出員工

```
public List<Employee> findEmployeesByIds(List<Integer> ids) {
    return ids.stream()
        .map(this::findEmployeeById)      ❶
        .filter(Optional::isPresent))     ❷
        .map(Optional::get)               ❸
        .collect(Collectors.toList());
}
```

❶ Stream<Optional<Employee>>

❷ 移除空的 Optional

❸ 取得你知道存在的值

第一個 map 操作會產生一個用 Optional 組成的串流，其中的每一個 Optional 可能會容納一個員工，也可能是空的。要取出值，你自然想要呼叫 get 方法，但除非你確定值存在，否則永遠不應該呼叫 get。我們使用 filter 方法以及條件敘述 Optional::isPresent 來移除所有空的 Optional。接著藉由 Optional::get 將 Optional 對應至它們的內含值。

這個範例是對 Stream 使用 map 方法。另一種做法是，Optional 也有個 map 方法，它的簽章是：

```
<U> Optional<U> map(Function<? super T,? extends U> mapper)
```

Optional 的 map 會接收 Function 引數。如果 Optional 不是空的，map 方法會取出內含的值，對它套用函式，並回傳一個含有結果的 Optional。否則它會回傳一個空的 Optional。

我們可以使用這個方法來將範例 6-20 的尋找操作改寫為範例 6-21 的版本。

範例 6-21. 使用 Optional.map

```
public List<Employee> findEmployeesByIds(List<Integer> ids) {
    return ids.stream()
        .map(this::findEmployeeById)             ❶
        .flatMap(optional ->
            optional.map(Stream::of)             ❷
                    .orElseGet(Stream::empty))   ❸
        .collect(Collectors.toList());
}
```

❶ Stream<Optional<Employee>>

❷ 將非空的 Optional<Employee> 轉換成 Optional<Stream<Employee>>

❸ 從 Optional 取出 Stream<Employee>

Stream<Employee> 這裡的概念是，如果 optional 含有非空的員工，則**對內含值**呼叫 Stream::of 方法，方法會將它轉換成存有該值的單個元素串流，接著它會被包在 Optional 裡面。否則會回傳空的 optional。

假設你用 ID 找出一位員工。findEmployeeById 方法會回傳一個該值的 Optional<Employee>。接著 optional.map(Stream::of) 方法會回傳一個 Optional，裡面含有保存那位員工的單元素串流，所以我們取得 Optional<Stream<Employee>>。接著 orElseGet 方法會取出內含值，產生 Stream<Employee>。

如果 findEmployeeById 回傳一個空的 Optional，則 optional.map(Stream::of) 也會回傳一個空的 Optional，orElseGet(Stream::empty) 方法也會回傳一個空串流。

所以，你會取得一個 Stream<Employee> 元素與空串流的組合，這正是 Stream 的 flatMap 被設計來處理的東西。它會將所有東西精簡成 Stream<Employee>，裡面只有非空串流，所以 collect 方法可以用員工的 List 將它們回傳。

圖 6-1 說明這個程序。

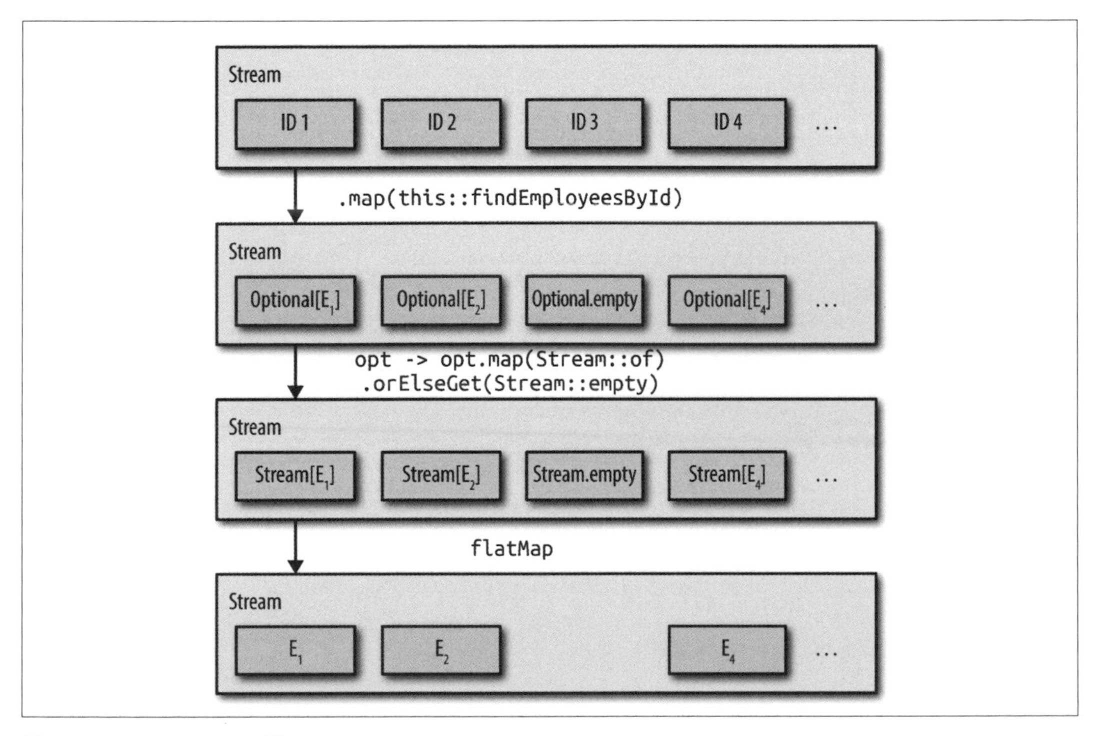

圖 6-1. Optional map 與 flatMap

`Optional.map` 方法是個方便的[5] 方法，可（希望）簡化串流處理程式。之前提過的篩選器 / 對應方法當然比較直接，尤其是對不習慣 **flatMap** 操作的開發者來說。不過它們的結果是相同的。

當然，你可以在 `Optional.map` 方法內使用任何函式。Javadocs 說明如何將名稱轉換成檔案輸入串流。訣竅 6.4 展示的是不同的範例。

順道一提， Java 9 在 `Optional` 加入一個 `stream` 方法。如果 `Optional` 不是空的，它會回傳一個單元素串流，裡面包含內含值，否則它會回傳一個空串流。詳情見訣竅 10.6。

5 至少，這是個想法。

參見

訣竅 6.3 說明如何在 DAO（data access object）層使用 Optional。訣竅 3.11 討論串流的 flatMap 方法，而訣竅 6.4 討論 Optional 的 flatMap 方法。訣竅 10.6 討論 Java 9 在 Optional 加入的新方法。

第七章

檔案 I/O

J2SE 1.4 新增[1]了非阻塞（nonblocking）（或"新的"）的輸入 / 輸出套件，簡稱為 NIO。而 Java 7 新增的 NIO.2 擴展引進了新的類別來處理檔案與目錄，新增的項目包括 `java.nio.file` 套件，也就是這一章的主題。在那個套件裡面有許多新類別，例如 `java.nio.files.File`，為 Java 8 中加入一些使用串流的方法。

不幸的是，泛函程式設計的串流與輸入 / 輸出的同一個詞彙有衝突，會造成潛在的混淆。例如，`java.nio.file.DirectoryStream` 介面與泛函串流沒有關係。它是以類別，採取傳統的 for-each 結構迭代目錄樹來實作的[2]。

這一章會把重心放在支援泛函串流的 I/O 功能。Java 8 在 `java.nio.file.Files` 類別加入一些方法來支援泛函串流，表 7-3 是這些方法。請注意，在 `Files` 類別內的所有方法都是靜態的。

表 7-1. 在 java.nio.files.Files 中，回傳串流的方法

方法	回傳型態
`lines`	`Stream<String>`
`list`	`Stream<Path>`
`walk`	`Stream<Path>`
`find`	`Stream<Path>`

本章的訣竅將會討論每一種方法。

1 多數的開發者都很驚訝 NIO 這麼早就被加入。

2 更令人困惑的是，介面 `DirectoryStream.Filter` 其實是泛函介面，同樣的，它與泛函串流沒有任何關係。它的用途是審核在目錄樹內被選出的項目。

7.1 處理檔案

問題

你想要用串流來處理文字檔案的內容。

解決方案

使用 `java.io.BufferedReader` 或 `java.nio.file.Files` 內的 `lines` 靜態方法，以串流回傳檔案的內容。

說明

所有基於 FreeBSD 的 Unix 系統（包括 macOS）在 */usr/share/dict/* 資料夾內都有個 Webster's Second International Dictionary 版本。*web2* 這個檔案含有大約 230,000 個單字。每一個單字都有專屬的一行。

如果你想要找到該字典內最長的 10 個單字，可以使用 `Files.lines` 方法來取得字串串流形式的單字，接著對它做一般的串流處理，例如 `map` 與 `filter`。見範例 7-1。

範例 7-1. 找出 web2 字典內最長的 10 個單字

```
try (Stream<String> lines = Files.lines(Paths.get("/usr/share/dict/web2")) {
    lines.filter(s -> s.length() > 20)
         .sorted(Comparator.comparingInt(String::length).reversed())
         .limit(10)
         .forEach(w -> System.out.printf("%s (%d)%n", w, w.length()));
} catch (IOException e) {
    e.printStackTrace();
}
```

`filter` 內的條件敘述只會傳遞長度超過 20 個字元的單字。接著 `sorted` 方法會以長度的遞減順序來排序單字。`limit` 方法會在前 10 個單字之後終止，接著將它們印出。我們在 `try-with-resources` 區塊內打開串流，當 try 區塊完成時，系統會自動關閉它與字典檔案。

Stream 與 AutoCloseable

Stream 介面擴展了 BaseStream，它是 AutoCloseable 的子介面。因此你可以在 Java 7 的 try-with-resources 區塊中使用串流。當你離開區塊時，系統會自動呼叫 close 方法，它不但會關閉串流，也會呼叫串流管道的所有關閉處理器來釋出所有資源。

本書到目前為止都不需要 try-with-resources 包裝器，因為串流若不是用集合來製造的，就是在記憶體內。但是，在這個訣竅中，串流來自檔案，所以 try-with-resources 可確保目錄檔也會被關閉。

範例 7-2 是執行範例 7-1 的結果。

範例 7-2. 字典內最長的單字

```
formaldehydesulphoxylate (24)
pathologicopsychological (24)
scientificophilosophical (24)
tetraiodophenolphthalein (24)
thyroparathyroidectomize (24)
anthropomorphologically (23)
blepharosphincterectomy (23)
epididymodeferentectomy (23)
formaldehydesulphoxylic (23)
gastroenteroanastomosis (23)
```

在字典內長度是 24 個字元的單字有五個。這個結果以字母順序來展示它們，原因為原始的檔案是以字母來排序的。你可以在 sorted 的 Comparator 引數加入 thenComparing 子句，以決定如何排序長度相同的單字。

在 24 個字元的單字之後是五個 23 個字元的單字，其中許多來自醫學領域 [3]。

藉由採用下游收集器 Collectors.counting，你可以知道字典內每一個長度的單字有幾個，見範例 7-3。

3 幸運的是，單字 *blepharosphincterectomy* 的意思與聽起來不同。它與減輕角膜上眼瞼的壓力有關。

範例 7-3. 得知每一個長度的單字數量

```
try (Stream<String> lines = Files.lines(Paths.get("/usr/share/dict/web2"))) {
    lines.filter(s -> s.length() > 20)
         .collect(Collectors.groupingBy(String::length, Collectors.counting()))
         .forEach((len, num) -> System.out.println(len + ": " + num));
}
```

這段程式使用 groupingBy 集合建立一個 Map，其中的鍵是單字長度，值是每一個長度的單字數量。其結果為：

```
21:82
22:41
23:17
24:5
```

這個輸出提供了一些資訊，但還不夠豐富。它是以遞增排序的，這或許不是你要的方式。

訣竅 4.4 談過，現在 Map.Entry 介面內有靜態方法 comparingByKey 與 comparingByValue，它們也可接收選用的 Comparator。在這個範例中，用 reverseOrder 比較器來排序可提供自然順序的反向排序。見範例 7-4。

範例 7-4. 各個長度的單字數量，採遞減順序

```
try (Stream<String> lines = Files.lines(Paths.get("/usr/share/dict/web2"))) {
    Map<Integer, Long> map = lines.filter(s -> s.length() > 20)
        .collect(Collectors.groupingBy(String::length, Collectors.counting()));

    map.entrySet().stream()
        .sorted(Map.Entry.comparingByKey(Comparator.reverseOrder()))
        .forEach(e -> System.out.printf("Length %d: %d words%n",
            e.getKey(), e.getValue()));
}
```

現在結果是：

```
Length 24:5 words
Length 23:17 words
Length 22:41 words
Length 21:82 words
```

如果你的資料來源不是 File，BufferedReader 類別也有個 lines 方法，不過它是個實例方法。範例 7-5 是使用 BufferedReader 的版本，它的效果與範例 7-4 相同。

範例 7-5. 使用 BufferedReader.lines 方法

```
try (Stream<String> lines =
        new BufferedReader(
            new FileReader("/usr/share/dict/words")).lines()) {
    // ... 與之前的範例相同 ...
}
```

同樣的，因為 `Stream` 實作了 `AutoCloseable`，當 `try-with-resources` 區塊關閉串流後，它會關閉底層的 `BufferedReader`。

參見

訣竅 4.4 討論排序 map。

7.2 以 Stream 的形式取得檔案

問題

你想要用 `Stream` 來處理目錄內的所有檔案。

解決方案

使用 `Files.list` 靜態方法。

說明

`java.nio.file.Files` 類別的靜態方法 `list` 會接收 `Path` 引數，並回傳包裝 `DirectoryStream` 的 `Stream`[4]。`DirectoryStream` 介面擴展了 `AutoCloseable`，所以使用 `list` 方法時，最好使用 try-with-resources 的構造，見範例 7-6。

4　這是 I/O 串流，不是泛函串流。

範例 7-6. 使用 *Files.list(path)*

```
try (Stream<Path> list = Files.list(Paths.get("src/main/java"))) {
    list.forEach(System.out::println);
} catch (IOException e) {
    e.printStackTrace();
}
```

假設我們在具備標準的 Maven 或 Gradle 結構的專案根目錄中執行這個範例，它會印出 *src/main/java* 目錄內的所有檔案與資料夾的名稱。使用 `try-with-resources` 區塊代表當 try 區塊完成時，系統會對串流呼叫 `close`，接著會對底層的 `DirectoryStream` 呼叫 `close`。這個列印不是遞迴的。

當你執行這本書的原始程式時，結果會包含目錄與個別檔案：

```
src/main/java/collectors
src/main/java/concurrency
src/main/java/datetime
...
src/main/java/Summarizing.java
src/main/java/tasks
src/main/java/UseFilenameFilter.java
```

`list` 方法的簽章展示回傳型態是個 `Stream<Path>`，且它的引數是個目錄：

```
public static Stream<Path> list(Path dir) throws IOException
```

對非目錄資源執行這個方法會產生 `NotDirectoryException`。

Javadocs 提出一個說法：它產生的串流是**弱一致的**（*weakly consistent*），即"它是執行緒安全的，但是在迭代時不會凍結目錄，所以它可能會反應方法回傳之後發生的目錄更新（或可能不會）。

參見

要使用深度優先搜尋來瀏覽檔案系統，請見訣竅 7.3。

7.3 遍歷檔案系統

問題

你需要對檔案系統執行深度優先遍歷。

解決方案

使用靜態的 `Files.walk` 方法。

說明

`java.nio.file` 套件中靜態方法 `Files.walk` 的簽章是：

```
public static Stream<Path> walk(Path start,
                                FileVisitOption... options)
                        throws IOException
```

方法的引數是起始 `Path` 與可變長度的 `FileVisitOption` 值引數。回傳型態是被惰性（lazily）填入的 `Path` 實例 `Stream`，這些實例是從起始路徑開始，用深度優先的方式來遍歷檔案系統取得的。

方法回傳的 `Stream` 會封裝一個 `DirectoryStream`，所以同樣地，建議你使用 `try-with-resources` 區塊呼叫方法，見範例 7-7。

範例 7-7. 遍歷樹狀結構

```
try (Stream<Path> paths = Files.walk(Paths.get("src/main/java"))) {
    paths.forEach(System.out::println);
} catch (IOException e) {
    e.printStackTrace();
}
```

`walk` 方法會用第二個與之後的引數來接收零或多個 `FileVisitOption` 值。這個範例並未使用任何一個。在 Java 1.7 加入的 `FileVisitOption` 是個 enum，它唯一的定義值是 `FileVisitOption.FOLLOW_LINKS`。follow link 代表（至少原則上）樹可能會涉及循環（cycle），所以串流會追蹤造訪過的檔案，如果發現循環，`FileSystemLoopException` 例外就會被丟出 。

對本書的原始程式目錄執行這個範例可產生如下結果：

```
src/main/java
src/main/java/collectors
src/main/java/collectors/Actor.java
src/main/java/collectors/AddCollectionToMap.java
src/main/java/collectors/Book.java
src/main/java/collectors/CollectorsDemo.java
src/main/java/collectors/ImmutableCollections.java
src/main/java/collectors/Movie.java
src/main/java/collectors/MysteryMen.java
src/main/java/concurrency
src/main/java/concurrency/CommonPoolSize.java
src/main/java/concurrency/CompletableFutureDemos.java
src/main/java/concurrency/FutureDemo.java
src/main/java/concurrency/ParallelDemo.java
src/main/java/concurrency/SequentialToParallel.java
src/main/java/concurrency/Timer.java
src/main/java/datetime
...
```

程式會惰性遍歷路徑，它產生的串流一定至少有一個元素，也就是開始的引數。系統會判斷遇到的每一個路徑是不是目錄，並遍歷那個點，再移往下一個同層目錄（sibling）。所以這是個深度優先遍歷。每一個目錄會在它的所有項目都已被造訪之後關閉。

這個方法也有一種多載可用：

```
public static Stream<Path> walk(Path start,
                                int maxDepth,
                                FileVisitOption... options)
                        throws IOException
```

`maxDepth` 引數是要造訪的最大目錄層數。零代表只造訪初始的層級。不使用 `maxDepth` 參數的版本所使用的是 `Integer.MAX_VALUE` 值，代表應造訪所有層級。

參見

訣竅 7.2 展示如何列出在單個目錄內的檔案。訣竅 7.4 說明搜尋檔案。

7.4 搜尋檔案系統

問題

你想要在一個檔案樹中找出滿足指定特性的檔案。

解決方案

使用 `java.nio.file` 套件的靜態方法 `Files.find`。

說明

`Files.find` 方法的簽章是：

```
public static Stream<Path> find(Path start,
                                int maxDepth,
                                BiPredicate<Path, BasicFileAttributes> matcher,
                                FileVisitOption... options)
                        throws IOException
```

它類似 `walk` 方法，但加入一個 `BiPredicate` 來決定是否該回傳特定的 `Path`。`find` 方法會從指定的路徑開始執行深度優先搜尋，直到 `maxDepth` 層數，並以 `BiPredicate` 評估每一個路徑，如果你指定 `FileVisitOption` enum 值，則追隨連結。

`BiPredicate` 匹配器必須依照每一個路徑元素以及與它有關的 `BasicFileAttributes` 物件回傳一個布林。例如，範例 7-8 會回傳本書原始程式中 `fileio` 套件內非目錄檔案的路徑。

範例 7-8. 找出 fileio 套件內的非目錄檔案

```
try (Stream<Path> paths =
    Files.find(Paths.get("src/main/java"), Integer.MAX_VALUE,
        (path, attributes) ->
            !attributes.isDirectory() && path.toString().contains("fileio"))) {
    paths.forEach(System.out::println);
} catch (IOException e) {
    e.printStackTrace();
}
```

結果為：

```
src/main/java/fileio/FileList.java
src/main/java/fileio/ProcessDictionary.java
src/main/java/fileio/SearchForFiles.java
src/main/java/fileio/WalkTheTree.java
```

這個方法會以收到的 **BiPredicate** 來評估在遍歷樹時遇到的每一個檔案，這類似呼叫篩選器的 **walk** 方法，但 Javadocs 宣稱這種做法可避免取出多餘的 **BasicFileAttributes** 物件，或許效率比較好。

一如往常，**Stream** 封裝 **DirectoryStream**，所以關閉這個串流也會關閉底層的來源。因此，如同範例，在 **try-with-resources** 區塊中使用這個方法是較好的做法。

參見

訣竅 7.3 討論遍歷檔案系統。

第八章

java.time 套件

夠朋友的話，不要讓朋友使用 java.util.Date。

— Tim Yates

這個語言從一開始就在標準程式庫中加入兩個處理日期與時間的類別：`java.util.Date` 與 `java.util.Calendar`。前者是設計**壞**類別的經典範例。如果你查看公用 API，則可以發現幾乎所有的方法都已被棄用，而且從 Java 1.1 就開始了（大約在 1997 年）。棄用說明文件建議你改用 `Calendar`，不過它也不好玩。

兩次早期更新 [1] 都在語言中加入 enum，來使用整數常數來代表月分之類的欄位。它們都是可變的，因此不是執行緒安全的。程式庫為了處理一些問題，稍後加入 `java.sql.Date` 類別，成為 `java.util` 中版本的子類別，但這並未實際解決基本的問題。

最後，Java SE 8 加入全新的套件來處理所有問題。`java.time` 套件是以 Joda-Time 程式庫（*http://www.joda.org/joda-time/*）為基礎，多年來，大家都將它當成免費的開放原始碼替代方案來使用。事實上，Joda-Time 的設計者曾經協助設計建立這個新套件，並建議利用它來做未來的開發。

新套件是在 JSR-310 之下開發的：Date 與 Time API，並支援 ISO 8601 標準。它可以正確地調整閏年與各個區域的日光節約規則。

1 這不是雙關語。

這一章的訣竅會說明 java.time 套件的用途。希望它們可以解決你可能遇到的基本問題，並在需要進一步的資訊時指引你。

線上的 Java Tutorial 有個討論 Date-Time 程式庫的優秀章節可供你參考。詳情請見 *https://docs.oracle.com/javase/tutorial/datetime/TOC.html*。

8.1 使用基本的 Date-Time 類別

問題

你想要使用 java.time 套件的日期與時間新類別。

解決方案

使用類別內的工廠方法，例如 Instant、Duration、Period、LocalDate、LocalTime、LocalDateTime、ZonedDateTime 與其他。

說明

Date-Time 內的類別都會產生不可變的實例，所以它們是執行緒安全的。它們也沒有公用的建構式，所以都使用工廠方法來實例化。

值得一提的是兩個靜態工廠方法：now 與 of。now 方法的用途是根據目前的日期與時間來建立一個實例。見範例 8-1。

範例 8-1. 新的工廠方法

```
System.out.println("Instant.now():       " + Instant.now());
System.out.println("LocalDate.now():     " + LocalDate.now());
System.out.println("LocalTime.now():     " + LocalTime.now());
System.out.println("LocalDateTime.now(): " + LocalDateTime.now());
System.out.println("ZonedDateTime.now(): " + ZonedDateTime.now());
```

範例 8-2 是示範集合。

範例 8-2. 呼叫 now 方法的結果

```
Instant.now():       2017-06-20T17:27:08.184Z
LocalDate.now():     2017-06-20
LocalTime.now():     13:27:08.318
LocalDateTime.now():2017-06-20T13:27:08.319
ZonedDateTime.now():2017-06-20T13:27:08.319-04:00[America/New_York]
```

所有的輸出值都以 ISO 8601 標準來格式化。日期的基本格式是 `yyyy-MM-dd`，時間的格式是 `hh:mm:ss.sss`。`LocalDateTime` 的格式結合兩者，使用大寫的 `T` 作為分隔符號。有時區的日期 / 時間會使用 UTC 基底來附加一個數值偏移值（在此是 `-04:00`），以及所謂的**地區名稱**（在此是 `America/New_York`）。`Instant` 的 `toString` 方法可以輸出奈秒準確度的時間，採用 Zulu 時間。

`Year`、`YearMonth` 與 `ZoneId` 類別也有 `now` 方法。

靜態的 `of` 工廠方法的用途是產生新值。`LocalDate` 的引數是年、月（enum 或 int）與月內日期。

所有 `of` 方法的月欄位都被多載成接收一個 `Month` enum，例如 `Month.JANUARY`，或從 1 開始的整數。因為 `Calendar` 的整數常數從 0 開始（也就是說，`Calendar.JANUARY` 是 0），請小心差一錯誤（off-by-one errors），盡可能使用 `Month` enum。

`LocalTime` 有一些多載，可接收各種時、分、秒與奈秒的組合。`LocalDateTime` 的 `of` 方法可結合其他的方法。範例 8-3 展示一些範例。

範例 8-3. 日期 / 時間類別的 of 方法

```
System.out.println("First landing on the Moon:");
LocalDate moonLandingDate = LocalDate.of(1969, Month.JULY, 20);
LocalTime moonLandingTime = LocalTime.of(20, 18);
System.out.println("Date: " + moonLandingDate);
System.out.println("Time: " + moonLandingTime);

System.out.println("Neil Armstrong steps onto the surface: ");
LocalTime walkTime = LocalTime.of(20, 2, 56, 150_000_000);
LocalDateTime walk = LocalDateTime.of(moonLandingDate, walkTime);
System.out.println(walk);
```

範例 8-3 的輸出示範為：

```
First landing on the Moon:
Date: 1969-07-20
Time: 20:18
Neil Armstrong steps onto the surface:
1969-07-20T20:02:56.150
```

LocalTime.of 方法的最後一個引數是奈秒，這個範例使用 Java 7 的功能，可在那個數值插入底線來幫助閱讀。

Instant 類別可建立一個沿著時間線的即時點模型。

ZonedDateTime 類別可將日期與時間和來自 ZoneId 類別的時區資訊結合。時區是以相對於 UTC 的值來表示的。

時區 ID 有兩種：

- 固定偏移量，相對於 UTC/Greenwich，例如 -05:00。
- 地理區域，例如 America/Chicago。

技術上還有第三種 ID，它是從 Zulu 時間算起的偏移量，包含一個 Z 以及數值。

改變偏移值的規則來自 ZoneRules 類別，它是從 ZoneRulesProvider 載入規則的。ZoneRules 類別有一些諸如 isDaylightSavings(Instant) 的方法。

你可以從靜態方法 systemDefault 取得 ZoneId 目前的值，從靜態方法 getAvailableZoneIds 取得區域 ID 的完整串列：

```
Set<String> regionNames = ZoneId.getAvailableZoneIds();
System.out.println("There are " + regionNames.size() + " region names");
```

jdk1.8.0_131 有 600 個區域名稱[2]。

Date-Time API 會對方法名稱使用標準前置詞。如果你熟悉表 8-1 的前置詞，通常可以猜到方法的用途[3]。

---

2 看起來似乎很多，或許只有我這樣覺得。

3 根據 Java Tutorial 的類似表格，*https://docs.oracle.com/javase/tutorial/datetime/overview/naming.html*。

表 8-1. 在 Date-Time 方法中使用的前置詞

方法	類型	用途
of	靜態工廠	建立實例
from	靜態工廠	將輸入參數轉換成目標類別
parse	靜態工廠	解析輸入字串
format	實例	產生格式化輸出
get	實例	回傳部分的物件
is	實例	查詢物件的狀態
with	實例	改變既有物件的一個元素來建立新物件
plus, minus	實例	對既有物件做加法或減法來建立新物件
to	實例	將物件轉換成另一種類型
at	實例	將這個物件與另一個物件結合

我們之前已經展示過 `of` 方法了。訣竅 8.5 會討論 `parse` 與 `format` 方法。訣竅 8.2 討論 `with` 方法，它是 `set` 方法的不可變版本。訣竅 8.2 也會討論使用 `plus` 與 `minus` 以及它們的變化版本。

`at` 的用途之一，是將時區加到地區日期與時間，見範例 8-4。

範例 8-4. 對 LocalDateTime 套用 LocalDateTime

```
LocalDateTime dateTime = LocalDateTime.of(2017, Month.JULY, 4, 13, 20, 10);
ZonedDateTime nyc = dateTime.atZone(ZoneId.of("America/New_York"));
System.out.println(nyc);

ZonedDateTime london = nyc.withZoneSameInstant(ZoneId.of("Europe/London"));
System.out.println(london);
```

這會印出：

```
2017-07-04T13:20:10-04:00[America/New_York]
2017-07-04T18:20:10+01:00[Europe/London]
```

從結果可以看出，`withZoneSameInstant` 方法可接收一個 `ZonedDateTime`，並找出它在另一個時區的時間。

這個套件有兩個 enum：`Month` 與 `DayOfWeek`。`Month` 有標準月曆的每一個月之常數（`JANUARY` 到 `DECEMBER`），也有許多方便的方法，見範例 8-5。

範例 *8-5. Month enum* 內的一些方法

```
System.out.println("Days in Feb in a leap year: " +
    Month.FEBRUARY.length(true));        ❶
System.out.println("Day of year for first day of Aug (leap year): " +
    Month.AUGUST.firstDayOfYear(true)); ❶
System.out.println("Month.of(1): " + Month.of(1));
System.out.println("Adding two months: " + Month.JANUARY.plus(2));
System.out.println("Subtracting a month: " + Month.MARCH.minus(1));
```

❶ 引數是 boolean leapYear

範例 8-5 的輸出是：

```
Days in Feb in a leap year:29
Day of year for first day of Aug (leap year):214
Month.of(1):JANUARY
Adding two months:MARCH
Subtracting a month:FEBRUARY
```

使用 plus 與 minus 方法的最後兩個範例會建立新的實例。

因為 java.time 類別是不可變的，任何看起來會執行修改的實例方法，例如 plus、minus 或 with，都會產生一個新實例。

DayOfWeek enum 含有代表七個工作日的常數，從 MONDAY 到 SUNDAY。同樣的，每一個常數的 int 值都遵循 ISO 標準，所以 MONDAY 是 1，且 SUNDAY 是 7。

參見

訣竅 8.5 討論解析與格式化方法。訣竅 8.2 討論將既有的日期與時間轉換成新的。訣竅 8.8 討論 Duration 與 Period 類別。

8.2 使用既有的實例建立日期與時間

問題

你想要修改其中一種 Date-Time 類別實例。

解決方案

如果你需要做簡單的加法或減法，可使用 `plus` 或 `minus` 方法。否則使用 `with` 方法。

說明

新的 Date-Time API 的特徵之一就是所有的實例都是不可變的。當你建立 `LocalDate`、`LocalTime`、`LocalDateTime` 或 `ZonedDateTime` 之後，它們就無法被改變了。這可大大地協助它們成為執行緒安全，但是如果你想要用既有的實例來建立一個新實例時，該怎麼做？

`LocalDate` 類別有一些方法可對日期加上與減去值。具體來說，它們是：

- `LocalDate plusDays(long daysToAdd)`
- `LocalDate plusWeeks(long weeksToAdd)`
- `LocalDate plusMonths(long monthsToAdd)`
- `LocalDate plusYears(long yearsToAdd)`

每一個方法都會回傳一個新的 `LocalDate`，它是目前日期的複本，會被加上指定的值。

`LocalTime` 類別有類似的方法：

- `LocalTime plusNanos(long nanosToAdd)`
- `LocalTime plusSeconds(long secondsToAdd)`
- `LocalTime plusMinutes(long minutesToAdd)`
- `LocalTime plusHours(long hoursToAdd)`

同樣的，每一個方法都會回傳一個新實例，它是原始實例的複本加上一個值。`LocalDateTime` 也有 `LocalDate` 與 `LocalTime` 的所有方法。例如，範例 8-6 是 `LocalDate` 與 `LocalTime` 的各種 `plus` 方法。

範例 8-6. 使用 LocalDate 與 LocalTime 的 plus 方法

```
@Test
public void localDatePlus() throws Exception {
    DateTimeFormatter formatter = DateTimeFormatter.ofPattern("yyyy-MM-dd");
    LocalDate start = LocalDate.of(2017, Month.FEBRUARY, 2);

    LocalDate end = start.plusDays(3);
    assertEquals("2017-02-05", end.format(formatter));

    end = start.plusWeeks(5);
    assertEquals("2017-03-09", end.format(formatter));

    end = start.plusMonths(7);
    assertEquals("2017-09-02", end.format(formatter));

    end = start.plusYears(2);
    assertEquals("2019-02-02", end.format(formatter));

}

@Test
public void localTimePlus() throws Exception {
    DateTimeFormatter formatter = DateTimeFormatter.ISO_LOCAL_TIME;

    LocalTime start = LocalTime.of(11, 30, 0, 0);
    LocalTime end = start.plusNanos(1_000_000);
    assertEquals("11:30:00.001", end.format(formatter));

    end = start.plusSeconds(20);
    assertEquals("11:30:20", end.format(formatter));

    end = start.plusMinutes(45);
    assertEquals("12:15:00", end.format(formatter));

    end = start.plusHours(5);
    assertEquals("16:30:00", end.format(formatter));
}
```

這些類別也有兩個額外的 `plus` 與 `minus` 方法。以下是 `LocalDateTime` 的這兩種方法的簽章：

```
LocalDateTime plus(long amountToAdd, TemporalUnit unit)
LocalDateTime plus(TemporalAmount amountToAdd)

LocalDateTime minus(long amountToSubtract, TemporalUnit unit)
LocalDateTime minus(TemporalAmount amountToSubtract)
```

在 LocalDate 與 LocalTime 中的對應方法跟它們一樣，具有對應的回傳型態。有趣的是，minus 只不過是將量值設為負數來呼叫 plus 的版本。

對接收 TemporalAmount 的方法而言，那個引數通常是 Period 或 Duration，但也可以是任何實作 TemporalAmount 介面的型態。那個介面有名為 addTo 與 subtractFrom 的方法：

```
Temporal addTo(Temporal temporal)
Temporal subtractFrom(Temporal temporal)
```

依照呼叫堆疊，呼叫 minus 會用負的引數來委派 plus，plus 會委派 TemporalAmount.addTo(Temporal)，這個函式會再呼叫回 plus(long, TemporalUnit)，以實際完成工作[4]。

範例 8-7 是一些使用 plus 與 minus 方法的範例。

範例 8-7. plus 與 minus 方法

```
@Test
public void plus_minus() throws Exception {
    Period period = Period.of(2, 3, 4); // 2 年, 3 個月, 4 天
    LocalDateTime start = LocalDateTime.of(2017, Month.FEBRUARY, 2, 11, 30);
    LocalDateTime end = start.plus(period);
    assertEquals("2019-05-06T11:30:00",
        end.format(DateTimeFormatter.ISO_LOCAL_DATE_TIME));

    end = start.plus(3, ChronoUnit.HALF_DAYS);
    assertEquals("2017-02-03T23:30:00",
        end.format(DateTimeFormatter.ISO_LOCAL_DATE_TIME));

    end = start.minus(period);
    assertEquals("2014-10-29T11:30:00",
        end.format(DateTimeFormatter.ISO_LOCAL_DATE_TIME));

    end = start.minus(2, ChronoUnit.CENTURIES);
    assertEquals("1817-02-02T11:30:00",
        end.format(DateTimeFormatter.ISO_LOCAL_DATE_TIME));

    end = start.plus(3, ChronoUnit.MILLENNIA);
    assertEquals("5017-02-02T11:30:00",
        end.format(DateTimeFormatter.ISO_LOCAL_DATE_TIME));
}
```

4　間接的聖潔層，蝙蝠俠！

當 API 呼叫 `TemporalUnit` 時，請記得所提供的實作類別是 `ChronoUnit`，它有許多方便的常數。

最後，每一個類別都有一系列的 `with` 方法可用來一次改變一個欄位。

這些方法簽章的範圍從 `withNano` 到 `withYear`，其中也有一些有趣的方法。以下是 `LocalDateTime` 的方法：

```
LocalDateTime withNano(int nanoOfSecond)
LocalDateTime withSecond(int second)
LocalDateTime withMinute(int minute)
LocalDateTime withHour(int hour)
LocalDateTime withDayOfMonth(int dayOfMonth)
LocalDateTime withDayOfYear(int dayOfYear)
LocalDateTime withMonth(int month)
LocalDateTime withYear(int year)
```

範例 8-8 展示這些方法的效果。

範例 8-8. 使用 LocalDateTime 的方法

```
@Test
public void with() throws Exception {
    LocalDateTime start = LocalDateTime.of(2017, Month.FEBRUARY, 2, 11, 30);
    LocalDateTime end = start.withMinute(45);
    assertEquals("2017-02-02T11:45:00",
        end.format(DateTimeFormatter.ISO_LOCAL_DATE_TIME));

    end = start.withHour(16);
    assertEquals("2017-02-02T16:30:00",
        end.format(DateTimeFormatter.ISO_LOCAL_DATE_TIME));

    end = start.withDayOfMonth(28);
    assertEquals("2017-02-28T11:30:00",
        end.format(DateTimeFormatter.ISO_LOCAL_DATE_TIME));

    end = start.withDayOfYear(300);
    assertEquals("2017-10-27T11:30:00",
        end.format(DateTimeFormatter.ISO_LOCAL_DATE_TIME));

    end = start.withYear(2020);
    assertEquals("2020-02-02T11:30:00",
        end.format(DateTimeFormatter.ISO_LOCAL_DATE_TIME));
}
```

```
@Test(expected = DateTimeException.class)
public void withInvalidDate() throws Exception {
    LocalDateTime start = LocalDateTime.of(2017, Month.FEBRUARY, 2, 11, 30);
    start.withDayOfMonth(29);
}
```

因為 2017 年不是閏年，你無法將日期設為 2 月 29 日，所以最後一項測試結果是 `DateTimeException`。

此外還有一些接收 `TemporalAdjuster` 或 `TemporalField` 的 `with` 方法：

```
LocalDateTime with(TemporalAdjuster adjuster)
LocalDateTime with(TemporalField field, long newValue)
```

使用 `TemporalField` 的版本會讓欄位（field）解析日期，以讓它是有效的。例如，範例 8-9 會接收一月的最後一天，並試著將月份改為二月。根據 Javadocs，系統會選擇前一個有效日期，在這個案例中，是二月的最後一天。

範例 8-9. 將月份調整為有效值

```
@Test
public void temporalField() throws Exception {
    LocalDateTime start = LocalDateTime.of(2017, Month.JANUARY, 31, 11, 30);
    LocalDateTime end = start.with(ChronoField.MONTH_OF_YEAR, 2);
    assertEquals("2017-02-28T11:30:00",
        end.format(DateTimeFormatter.ISO_LOCAL_DATE_TIME));
}
```

你可以想像，這牽涉到一些相當複雜的規則，不過在 Javadocs 中有詳細的說明。

訣竅 8.3 會討論接收 `TemporalAdjuster` 的 `with` 方法。

參見

請見訣竅 8.3 來瞭解關於 `TemporalAdjuster` 與 `TemporalQuery` 的資訊。

8.3 調整器與查詢

問題

你想要根據你自己的邏輯將一個時間值調整為一個新值，或取得關於它的資訊。

解決方案

建立一個 TemporalAdjuster，或制定一個 TemporalQuery。

說明

TemporalAdjuster 與 TemporalQuery 類別提供一些有趣的方式來使用 Date-Time 類別。它們提供一些實用的內建方法以及自己實作方法的方式。這個訣竅將會說明這兩種做法。

使用 TemporalAdjuster

TemporalAdjuster 介面提供一些方法來接收 Temporal 值並回傳一個調整過的值。TemporalAdjusters 類別有一組你會覺得很方便的調整器靜態方法。

你要在時間物件上透過 with 方法使用 TemporalAdjuster，以下是使用 LocalDateTime 的版本：

```
LocalDateTime with(TemporalAdjuster adjuster)
```

TemporalAdjuster 類別也有個 adjustInto 方法可用，但這裡列出來的比較好。

當你查看 TemporalAdjusters 類別方法時，可發現許多方便的方法：

```
static TemporalAdjuster firstDayOfNextMonth()
static TemporalAdjuster firstDayOfNextYear()
static TemporalAdjuster firstDayOfYear()

static TemporalAdjuster firstInMonth(DayOfWeek dayOfWeek)
static TemporalAdjuster lastDayOfMonth()
static TemporalAdjuster lastDayOfYear()
static TemporalAdjuster lastInMonth(DayOfWeek dayOfWeek)

static TemporalAdjuster next(DayOfWeek dayOfWeek)
```

```
static TemporalAdjuster nextOrSame(DayOfWeek dayOfWeek)
static TemporalAdjuster previous(DayOfWeek dayOfWeek)
static TemporalAdjuster previousOrSame(DayOfWeek dayOfWeek)
```

範例 8-10 的測試案例展示一些方法的動作。

範例 8-10. 使用 TemporalAdjusters 的靜態方法

```
@Test
public void adjusters() throws Exception {
    LocalDateTime start = LocalDateTime.of(2017, Month.FEBRUARY, 2, 11, 30);
    LocalDateTime end = start.with(TemporalAdjusters.firstDayOfNextMonth());
    assertEquals("2017-03-01T11:30", end.toString());

    end = start.with(TemporalAdjusters.next(DayOfWeek.THURSDAY));
    assertEquals("2017-02-09T11:30", end.toString());

    end = start.with(TemporalAdjusters.previousOrSame(DayOfWeek.THURSDAY));
    assertEquals("2017-02-02T11:30", end.toString());
}
```

當你編寫自己的調整器時，會發現許多樂趣。`TemporalAdjuster` 是個泛函介面，它的單一抽象方法是：

```
Temporal adjustInto(Temporal temporal)
```

舉例來說，Java Tutorial 說明 Date-Time 套件的部分有個 `PaydayAdjuster` 的例子，它假設有一位員工每個月都會領到兩次薪水。規則是，發薪日是在當月的 15 日與當月的最後一天，但如果任何一天是周末，就改為前一個星期五。

範例 8-11 是這個線上範例的程式。注意，在這個範例中，方法已被加入實作 `TemporalAdjuster` 的類別。

範例 8-11. PaydayAdjuster（取自 Java Tutorial）

```
import java.time.DayOfWeek;
import java.time.LocalDate;
import java.time.temporal.Temporal;
import java.time.temporal.TemporalAdjuster;
import java.time.temporal.TemporalAdjusters;

public class PaydayAdjuster implements TemporalAdjuster {
    public Temporal adjustInto(Temporal input) {
```

```
        LocalDate date = LocalDate.from(input);      ❶
        int day;
        if (date.getDayOfMonth() < 15) {
            day = 15;
        } else {
            day = date.with(TemporalAdjusters.lastDayOfMonth())
                      .getDayOfMonth();
        }
        date = date.withDayOfMonth(day);
        if (date.getDayOfWeek() == DayOfWeek.SATURDAY ||
                date.getDayOfWeek() == DayOfWeek.SUNDAY) {
            date = date.with(TemporalAdjusters.previous(DayOfWeek.FRIDAY));
        }

        return input.with(date);
    }
}
```

❶ 將任何 Temporal 轉換成 LocalDate 的實用方式

2017 年 7 月 15 日是星期六，31 日是星期一。範例 8-21 展示它可正確地處理 2017 年 7 月。

範例 8-12. 測試 2017 年 7 月的調整

```
@Test
public void payDay() throws Exception {
    TemporalAdjuster adjuster = new PaydayAdjuster();
    IntStream.rangeClosed(1, 14)
             .mapToObj(day -> LocalDate.of(2017, Month.JULY, day))
             .forEach(date ->
                assertEquals(14, date.with(adjuster).getDayOfMonth()));

    IntStream.rangeClosed(15, 31)
             .mapToObj(day -> LocalDate.of(2017, Month.JULY, day))
             .forEach(date ->
                assertEquals(31, date.with(adjuster).getDayOfMonth()));
}
```

程式可產生正確答案，但有幾個小瑕疵。首先，在 Java 8，你無法在不採用其他機制的情況下建立日期串流，例如在這裡要計算天數。這種情形在 Java 9 改變了，它有一個方法可回傳日期串流。詳情見訣竅 10.7。

上述程式的另一個問題是，它建立一個類別來實作介面。因為 `TemporalAdjuster` 是個泛函介面，你可以提供一個 lambda 表達式或方法參考來當成實作。

現在你可以製作一個工具類別，稱為 `Adjusters`，在裡面放入一些靜態方法以做你想要做的事情，見範例 8-13。

範例 8-13. 有調整器的工具類別

```
public class Adjusters {                                    ❶
    public static Temporal adjustInto(Temporal input) {    ❷
        LocalDate date = LocalDate.from(input);
        // ... 與之前一樣實作 ...
        return input.with(date);
    }
}
```

❶ 未實作 `TemporalAdjuster` 靜態方法，所以不需要實例化

❷ 範例 8-14 測試並比較兩種做法。

範例 8-14. 讓時間調整器使用方法參考

```
@Test
public void payDayWithMethodRef() throws Exception {
    IntStream.rangeClosed(1, 14)
        .mapToObj(day -> LocalDate.of(2017, Month.JULY, day))
        .forEach(date ->
            assertEquals(14,
                date.with(Adjusters::adjustInto).getDayOfMonth())); ❶

    IntStream.rangeClosed(15, 31)
        .mapToObj(day -> LocalDate.of(2017, Month.JULY, day))
        .forEach(date ->
            assertEquals(31,
                date.with(Adjusters::adjustInto).getDayOfMonth()));
}
```

❶ `adjustInto` 的方法參考

如果你想要使用多個時間調整器，應該會覺得這種做法比較通用。

使用 TemporalQuery

TemporalQuery 介面是作為時間物件內 query 方法的引數所使用的。例如，在 LocalDate，query 方法的簽章是：

```
<R> R query(TemporalQuery<R> query)
```

這個方法會呼叫 TemporalQuery.queryFrom(TemporalAccessor)，使用 this 作為引數，並回傳那個查詢該做的事情。TemporalAccessor 的所有方法都可以執行這個計算。

這個 API 有一個稱為 TemporalQueries 的類別，它有許多查詢指令的常數定義：

```
static TemporalQuery<Chronology>   chronology()
static TemporalQuery<LocalDate>    localDate()
static TemporalQuery<LocalTime>    localTime()
static TemporalQuery<ZoneOffset>   offset()
static TemporalQuery<TemporalUnit> precision()
static TemporalQuery<ZoneId>       zone()
static TemporalQuery<ZoneId>       zoneId()
```

範例 8-15 這個簡單的測試展示出其中一些常數的工作方式。

範例 8-15. 使用 TemporalQueries 的方法

```
@Test
public void queries() throws Exception {
    assertEquals(ChronoUnit.DAYS,
        LocalDate.now().query(TemporalQueries.precision()));
    assertEquals(ChronoUnit.NANOS,
        LocalTime.now().query(TemporalQueries.precision()));
    assertEquals(ZoneId.systemDefault(),
        ZonedDateTime.now().query(TemporalQueries.zone()));
    assertEquals(ZoneId.systemDefault(),
        ZonedDateTime.now().query(TemporalQueries.zoneId()));
}
```

然而，如同使用 TemporalAdjuster，當你編寫自己的程式時會發現許多有趣的事情。TemporalQuery 介面只有一個抽象方法：

```
R queryFrom(TemporalAccessor temporal)
```

假設我們有一個方法，當它收到 TemporalAccessor 時，會計算介於引數與 9 月 19 日國際海盜模仿日[5]之間的天數。見範例 8-16。

範例 8-16. 計算距離海盜模仿日還有幾天的方法

```
private long daysUntilPirateDay(TemporalAccessor temporal) {
    int day = temporal.get(ChronoField.DAY_OF_MONTH);
    int month = temporal.get(ChronoField.MONTH_OF_YEAR);
    int year = temporal.get(ChronoField.YEAR);
    LocalDate date = LocalDate.of(year, month, day);
    LocalDate tlapd = LocalDate.of(year, Month.SEPTEMBER, 19);
    if (date.isAfter(tlapd)) {
        tlapd = tlapd.plusYears(1);
    }
    return ChronoUnit.DAYS.between(date, tlapd);
}
```

因為那個方法的簽章與 TemporalQuery 介面的單一抽象方法相容，你可以使用方法參考來呼叫它，見範例 8-17。

範例 8-17. 透過方法參考使用 TemporalQuery

```
@Test
public void pirateDay() throws Exception {
    IntStream.range(10, 19)
             .mapToObj(n -> LocalDate.of(2017, Month.SEPTEMBER, n))
             .forEach(date ->
                assertTrue(date.query(this::daysUntilPirateDay) <= 9));
    IntStream.rangeClosed(20, 30)
             .mapToObj(n -> LocalDate.of(2017, Month.SEPTEMBER, n))
             .forEach(date -> {
                Long days = date.query(this::daysUntilPirateDay);
                assertTrue(days >= 354 && days < 365);
            });
}
```

你可以使用這種做法來定義你的自訂查詢。

5 例如，“Ahoy, matey, I'd like t' add ye t' me professional network on LinkedIn”。

8.4 將 java.util.Date 轉換成 java.time.LocalDate

問題

你想要將 java.util.Date 或 java.util.Calendar 轉換成 java.time 套件的新類別。

解決方案

使用 Instant 類別作為橋樑，或使用 java.sql.Date 與 java.sql.Timestamp，甚至字串或整數來做轉換。

說明

當你查看 java.time 的類別時，可能會很驚訝地發現裡面有許多內建的機制可將 java.util 的標準日期與時間類別轉換成新的首選（preferred）類別。

要將 java.util.Date 轉換成 java.util.Date，其中一種做法是呼叫 toInstant 方法來建立 Instant。接著你可以使用預設的 ZoneId，並從 ZonedDateTime 結果取出 LocalDate，見範例 8-18。

範例 8-18. 使用 Instant 將 java.util.Date 轉換成 java.time.LocalDate

```
public LocalDate convertFromUtilDateUsingInstant(Date date) {
    return date.toInstant().atZone(ZoneId.systemDefault()).toLocalDate();
}
```

因為 java.util.Date 裡面日期與時間資訊，但沒有時區[6]，它代表新 API 的 Instant。對系統預設時區執行 atZone 方法會再次套用時區。接著你可以從 ZonedDateTime 結果擷取 LocalDate。

另一將 util 日期轉換成 Date-Time 日期的做法，是使用 java.sql.Date（見範例 8-19）與 java.sql.Timestamp（見範例 8-20）的一些方便的轉換方法。

6 當你印出 java.util.Date 時，它會使用 Java 的預設時區將字串格式化。

範例 8-19. java.sql.Date 內的轉換方法

```
LocalDate toLocalDate()
static Date valueOf(LocalDate date)
```

範例 8-20. java.sql.Timestamp 內的轉換方法

```
LocalDateTime    toLocalDateTime()
static Timestamp valueOf(LocalDateTime dateTime)
```

建立一個類別來轉換也很簡單，見範例 8-21。

範例 8-21. 將 java.util 類別轉換成 java.time 類別（之後還有很多）

```
package datetime;

import java.sql.Timestamp;
import java.time.LocalDate;
import java.time.LocalDateTime;
import java.util.Date;

public class ConvertDate {
    public LocalDate convertFromSqlDatetoLD(java.sql.Date sqlDate) {
        return sqlDate.toLocalDate();
    }

    public java.sql.Date convertToSqlDateFromLD(LocalDate localDate) {
        return java.sql.Date.valueOf(localDate);
    }

    public LocalDateTime convertFromTimestampToLDT(Timestamp timestamp) {
        return timestamp.toLocalDateTime();
    }

    public Timestamp convertToTimestampFromLDT(LocalDateTime localDateTime) {
        return Timestamp.valueOf(localDateTime);
    }
}
```

因為你需要的方法是以 `java.sql.Date` 為基礎，所以問題變成：該如何轉換 `java.util.Date`（多數的開發者使用的）與 `java.sql.Date`？其中一種方式，是使用 SQL date 的建構式，它接收一個 `long` 來代表目前的 epoch 已過了幾毫秒。

Epoch 與 Java

在 Unix 作業系統中，*epoch* 的定義是從 1970 年 1 月 1 日的 00:00:00 UTC 開始至今的秒數（不計算閏秒）。目前電腦上的系統時鐘就是以這個值為基礎。

請注意，epoch 秒數會在 signed 32-bit 整數在 2038 年 1 月 19 日 3:14:07 UTC 時溢位，此時世界上所有的 32-bit 作業系統都會瞬間以為它在 1901 年 12 月 13 日。這稱為"2038 年問題"[7]，雖然到時候所有系統應該都會採用 64-bit 作業系統，但內嵌的系統應該不會被更新，如果它們還在的話[8]。

在 Java，經過的時間是用毫秒來計算的，這看起來會讓問題更嚴重，但是它會被存放在 long 而不是 integer，所以我們得經過好幾千年才會碰到溢位問題。

java.util.Date 類別有個稱為 **getTime** 的方法，它會回傳 **long** 值，且 **java.sql.Date** 類別有個建構式可接收這個 **long** 引數[9]。

這代表另一種將 **java.util.Date** 實例轉換成 **java.time.LocalDate** 的方式，就是透過 **java.sql.Date** 類別，見範例 8-22。

範例 8-22. 將 java.util.Date 轉換成 java.time.LocalDate

```
public LocalDate convertUtilDateToLocalDate(java.util.Date date) {
    return new java.sql.Date(date.getTime()).toLocalDate()
}
```

回到 Java 1.1，幾乎整個 **java.util.Date** 類別都已被棄用，被 **java.util.Calendar** 取代了。你可以用 **toInstant** 方法來做 calendar 實例與新套件 **java.time** 之間的轉換，並調整時區（範例 8-23）。

範例 8-23. 將 java.util.Calendar 轉換成 java.time.ZonedDateTime

```
public ZonedDateTime convertFromCalendar(Calendar cal) {
    return ZonedDateTime.ofInstant(cal.toInstant(), cal.getTimeZone().toZoneId());
}
```

---

7 詳情請見 *https://en.wikipedia.org/wiki/Year_2038_problem*。

8 雖然我到時應該已經安全地退休了，但我很怕問題發生時，我正戴著口鼻呼吸器。

9 事實上，這是 java.sql.Date 類別唯一未被棄用的建構式，不過你也可以使用 setTime 方法來調整既有的 java.sql.Date 值。

這個方法使用 ZonedDateTime 類別。LocalDateTime 類別也有個 ofInstant 方法，但它也可接收 ZoneId 第二引數，這看起來很奇怪，因為 LocalDateTime 並未包含時區資訊。因此，使用 ZonedDateTime 的方法應該比較直接。

你也可以使用 Calendar 的各種 getter 方法，來直接取得 LocalDateTime（範例 8-24），如果你想要完全繞過時區資訊的話。

範例 8-24. 使用 Calendar 的 getter 方法取得 LocalDateTime

```
public LocalDateTime convertFromCalendarUsingGetters(Calendar cal) {
    return LocalDateTime.of(cal.get(Calendar.YEAR),
        cal.get(Calendar.MONTH),
        cal.get(Calendar.DAY_OF_MONTH),
        cal.get(Calendar.HOUR),
        cal.get(Calendar.MINUTE),
        cal.get(Calendar.SECOND));
}
```

另一種機制是以 calendar 生成已格式化的字串，接著將它解析成新類別（範例 8-25）。

範例 8-25. 生成與解析時戳字串

```
public LocalDateTime convertFromUtilDateToLDUsingString(Date date) {
    DateFormat df = new SimpleDateFormat("yyyy-MM-dd'T'HH:mm:ss");
    return LocalDateTime.parse(df.format(date),
        DateTimeFormatter.ISO_LOCAL_DATE_TIME);
}
```

這其實不算什麼優點，但知道可以做這件事也不錯。最後，雖然 Calendar 沒有直接轉換方法，但 GregorianCalendar 有（範例 8-26）。

範例 8-26. 將 GregorianCalendar 轉換成 ZonedDateTime

```
public ZonedDateTime convertFromGregorianCalendar(Calendar cal) {
    return ((GregorianCalendar) cal).toZonedDateTime();
}
```

這是可行的，但它假設你使用的是 Gregorian 日曆。因為它是標準程式庫唯一的 Calendar 實作，所以這個假設可能是對的，但不一定如此。

最後，Java 9 在 LocalDate 加入 ofInstant 方法讓轉換更方便，見範例 8-27。

範例 8-27. 將 java.util.Dat 轉換成 java.time.LocalDate（只限 JAVA 9）

```
public LocalDate convertFromUtilDateJava9(Date date) {
    return LocalDate.ofInstant(date.toInstant(), ZoneId.systemDefault());
}
```

這種做法比較直接，但只限 Java 9。

8.5 解析與格式化

問題

你想要解析與（或）格式化新的日期時間類別。

解決方案

用 `DateTimeFormatter` 類別來建立日期時間格式，用來執行解析與格式化。

說明

`DateTimeFormatter` 類別有各式各樣的選項，從 `ISO_LOCAL_DATE` 等常數，到 `uuuu-MMM-dd` 等格式字母，到任何 `Locale` 的區域化格式。

幸運的是，解析與格式化程序都很簡單。所有主要的日期時間類別都有一個 `format` 與一個 `parse` 方法。範例 8-28 是 `LocalDate` 的簽章：

範例 8-28. 用來解析與格式化 LocalDate 實例的方法

```
static LocalDate parse(CharSequence text)  ❶
static LocalDate parse(CharSequence text, DateTimeFormatter formatter)
       String    format(DateTimeFormatter formatter)
```

❶ 使用 `ISO_LOCAL_DATE`

範例 8-29 是解析與格式化的做法。

範例 8-29. 解析與格式化 LocalDate

```
LocalDateTime now = LocalDateTime.now();
String text = now.format(DateTimeFormatter.ISO_DATE_TIME);   ❶
LocalDateTime dateTime = LocalDateTime.parse(text);          ❷
```

❶ 將 LocalDateTime 格式化為字串

❷ 將字串解析為 LocalDateTime

知道做法之後，真正的樂趣是嘗試各種日期時間格式、區域化等等。見範例 8-30 的程式。

範例 8-30. 格式化日期

```
LocalDate date = LocalDate.of(2017, Month.MARCH, 13);

System.out.println("Full : " +
    date.format(DateTimeFormatter.ofLocalizedDate(FormatStyle.FULL)));
System.out.println("Long : " +
    date.format(DateTimeFormatter.ofLocalizedDate(FormatStyle.LONG)));
System.out.println("Medium : " +
    date.format(DateTimeFormatter.ofLocalizedDate(FormatStyle.MEDIUM)));
System.out.println("Short : " +
    date.format(DateTimeFormatter.ofLocalizedDate(FormatStyle.SHORT)));

System.out.println("France : " +
    date.format(DateTimeFormatter.ofLocalizedDate(FormatStyle.FULL)
        .withLocale(Locale.FRANCE)));
System.out.println("India : " +
    date.format(DateTimeFormatter.ofLocalizedDate(FormatStyle.FULL)
        .withLocale(new Locale("hin", "IN"))));
System.out.println("Brazil : " +
    date.format(DateTimeFormatter.ofLocalizedDate(FormatStyle.FULL)
        .withLocale(new Locale("pt", "BR"))));
System.out.println("Japan : " +
    date.format(DateTimeFormatter.ofLocalizedDate(FormatStyle.FULL)
        .withLocale(Locale.JAPAN)));

Locale loc = new Locale.Builder()
        .setLanguage("sr")
        .setScript("Latn")
        .setRegion("RS")
        .build();
System.out.println("Serbian: " +
    date.format(DateTimeFormatter.ofLocalizedDate(FormatStyle.FULL)
        .withLocale(loc)));
```

輸出長得像[10]：

```
Full   : Monday, March 13, 2017
Long   : March 13, 2017
Medium : Mar 13, 2017
Short   : 3/13/17

France  : lundi 13 mars 2017
India   : Monday, March 13, 2017
Brazil  : Segunda-feira, 13 de Marco de 2017
Japan   : 2017 年 3 月 13 日
Serbian : ponedeljak, 13. mart 2017.
```

parse 與 format 方法分別會丟出 DateTimeParseException 與 DateTimeException，所以你可能要在自己的程式中捕捉它們。

如果你有自己想用的格式，可使用 ofPattern 方法來建立它。你可以在 Javadocs 找到所有有效值的說明。範例 8-31 告訴你有哪些可行的做法。

範例 8-31. 定義你自己的格式化模式

```
ZonedDateTime moonLanding = ZonedDateTime.of(
        LocalDate.of(1969, Month.JULY, 20),
        LocalTime.of(20, 18),
        ZoneId.of("UTC")
);
System.out.println(moonLanding.format(DateTimeFormatter.ISO_ZONED_DATE_TIME));

DateTimeFormatter formatter =
    DateTimeFormatter.ofPattern("uuuu/MMMM/dd hh:mm:ss a zzz GG");
System.out.println(moonLanding.format(formatter));

formatter = DateTimeFormatter.ofPattern("uuuu/MMMM/dd hh:mm:ss a VV xxxxx");
System.out.println(moonLanding.format(formatter));
```

它們會產生：

```
1969-07-20T20:18:00Z[UTC]
1969/July/20 08:18:00 PM UTC AD
1969/July/20 08:18:00 PM UTC +00:00
```

10 至少你知道，我不是故意選擇罕見的語言與輸出格式，來挑戰 O'Reilly Media 印出正確結果的能力。

同樣的，要知道有哪些可行的做法，以及各種格式化字母的意思，你可以查看 Javadocs 的 DateTimeFormatter 部分。它們的程序都與這裡展示的一樣簡單。

為了展示區域化的日期時間格式化程式範例，我們來探討日光節約時間問題。在美國的東部時區，日光節約時間會在 2018 年 3 月 11 日 2 A.M 將時鐘往前調。當你想要取得那一天的 2:30 A.M. 的區域化日期時間時，會發生什麼事？見範例 8-32。

範例 *8-32.* 將時鐘往前調

```
ZonedDateTime zdt = ZonedDateTime.of(2018, 3, 11, 2, 30, 0, 0,
    ZoneId.of("America/New_York"));
System.out.println(
    zdt.format(DateTimeFormatter.ofLocalizedDateTime(FormatStyle.FULL)));
```

它使用 of 方法的多載來接收年、月、dayOfMonth、時、分、秒、nanoOfSecond 與 ZoneId。注意，除了 ZoneId 之外的所有欄位都是 int 型態，代表你無法使用 Month enum。

這段程式的輸出是：

```
Sunday, March 11, 2018 3:30:00 AM EDT
```

所以這個方法可正確地將時間從 2:30 A.M.（不存在）變成 3:30 A.M.。

8.6 使用不常用的偏移值找出時區

問題

你想要使用非整數的小時偏移值找出所有的時區。

解決方案

取得每一個時區的時區偏移值，並將總秒數除以 3,600 來求出它的餘數。

說明

多數的時區都是從 UTC 算起的整數小時偏移值。例如，我們通常稱為 Eastern Time 的時區是 `UTC-05:00`，而 metropolitan France（CET）是 `UTC+01:00`。但是有些時區的偏移值是半小時，例如 Indian Standard Time（IST）是 `UTC+05:30`，甚至 45 分鐘，例如 New Zealand 的 Chat-ham Islands 是 `UTC+12:45`。這個訣竅將會展示如何使用 `java.time` 套件找出所有非整數偏移的時區。

範例 8-33 展示如何找出每一個區域 ID 的 `ZoneOffset`，並將它的總秒數與一小時的秒數拿來比較。

範例 8-33. 找出每一個區域 ID 的偏移秒數

```
public class FunnyOffsets {
    public static void main(String[] args) {
        Instant instant = Instant.now();
        ZonedDateTime current = instant.atZone(ZoneId.systemDefault());
        System.out.printf("Current time is %s%n%n", current);

        System.out.printf("%10s %20s %13s%n", "Offset", "ZoneId", "Time");
        ZoneId.getAvailableZoneIds().stream()
                .map(ZoneId::of) ❶
                .filter(zoneId -> {
                    ZoneOffset offset = instant.atZone(zoneId).getOffset(); ❷
                    return offset.getTotalSeconds() % (60 * 60) != 0;       ⓭
                })
                .sorted(comparingInt(zoneId ->
                        instant.atZone(zoneId).getOffset().getTotalSeconds()))
                .forEach(zoneId -> {
                    ZonedDateTime zdt = current.withZoneSameInstant(zoneId);
                    System.out.printf("%10s %25s %10s%n",
                        zdt.getOffset(), zoneId,
                        zdt.format(DateTimeFormatter.ofLocalizedTime(
                            FormatStyle.SHORT)));
                });
    }
}
```

❶ 將字串區域 ID 對應至地區 ID

❷ 計算偏移值

❸ 只使用偏移值無法被 3,600 整除的地區 ID

靜態方法 ZoneId.getAvailableZoneIds 會回傳一個 Set<String> 來代表世界上的所有區域 ID。ZoneId.of 方法會將字串串流轉換成 ZoneId 實例的串流。

篩選器內的 lambda 表達式會先對一個 Instant 套用 atZone 方法來建立一個 ZonedDateTime，它會有個 getOffset 方法。最後，ZoneOffset 類別提供一個 getTotalSeconds 方法。Javadocs 說明這個方法是"主要的偏移值取得方法。它會回傳時、分、秒欄位的總和，這是一個可加到某個時間的偏移值。"接著篩選器的 Predicate 只會在這些總秒數無法被 3,600 整除時回傳 true（60 sec/min * 60 min/hour）。

我們在印出結果之前，先將產生的 ZoneId 實例存起來。sorted 方法會接收一個 Comparator。這裡使用靜態方法 Comparator.comparingInt，它會生成一個 Comparator，將會以指定的整數鍵來排序。這個例子使用同一種計算方式來求出偏移值總秒數。產生的結果是以偏移值排序的 ZoneId 實例。

接著，為了印出結果，我們使用 withZoneSameInstant 方法來算出每一個 ZoneId 在預設時區中目前的 ZonedDateTime。印出來的字串會顯示偏移值、地區 ID，以及一個格式化、區域化的該區域在地時間版本。

範例 8-34 是執行的結果。

範例 8-34. 非整數小時的時區偏移值

```
Current time is 2016-08-08T23:12:44.264-04:00[America/New_York]

    Offset              ZoneId         Time
    -09:30       Pacific/Marquesas   5:42 PM
    -04:30       America/Caracas 1   0:42 PM
    -02:30        America/St_Johns  12:42 AM
    -02:30    Canada/Newfoundland  12:42 AM
    +04:30                    Iran   7:42 AM
    +04:30             Asia/Tehran   7:42 AM
    +04:30              Asia/Kabul   7:42 AM
    +05:30            Asia/Kolkata   8:42 AM
    +05:30            Asia/Colombo   8:42 AM
    +05:30           Asia/Calcutta   8:42 AM
    +05:45          Asia/Kathmandu   8:57 AM
    +05:45           Asia/Katmandu   8:57 AM
    +06:30            Asia/Rangoon   9:42 AM
    +06:30            Indian/Cocos   9:42 AM
    +08:45        Australia/Eucla  11:57 AM
    +09:30        Australia/North  12:42 PM
```

```
+09:30      Australia/Yancowinna   12:42 PM
+09:30        Australia/Adelaide   12:42 PM
+09:30     Australia/Broken_Hill   12:42 PM
+09:30           Australia/South   12:42 PM
+09:30          Australia/Darwin   12:42 PM
+10:30       Australia/Lord_Howe    1:42 PM
+10:30             Australia/LHI    1:42 PM
+11:30           Pacific/Norfolk    2:42 PM
+12:45                   NZ-CHAT    3:57 PM
+12:45           Pacific/Chatham    3:57 PM
```

這個範例展示出你可以結合一些 `java.time` 的類別來解決有趣的問題。

8.7 用偏移值找出地區名稱

問題

你想要知道 UTC 偏移值的 ISO 8601 地區名稱。

解決方案

以指定的偏移值來篩選出所有可能的地區 ID。

說明

雖然"Eastern Daylight Time"或"Indian Standard Time"這類的地區名稱都很有名，但它們是非官方的名稱，而且它們的縮寫 EDT 與 IST 甚至有可能不是唯一的。ISO 8601 規格以兩種方式來定義時區 ID：

- 使用地區名稱，例如"America/Chicago"
- 使用從 UTC 算起的小時及分鐘偏移值，例如"+05:30"

假設你想要知道一個 UTC 偏移值的地區名稱是什麼。許多地區在任何時間都共用相同的 UTC 偏移值，但你可以輕鬆地算出具備指定偏移值的地區名稱 `List`。

`ZoneOffset` 類別可指定從 Greenwich/UTC 時間算起的時區位移值。如果你已經有偏移值，可以使用它來篩選出完整的地區名稱串列，見範例 8-35。

範例 8-35. 用一個偏移值取得地區名稱

```
public static List<String> getRegionNamesForOffset(ZoneOffset offset) {
    LocalDateTime now = LocalDateTime.now();
    return ZoneId.getAvailableZoneIds().stream()
            .map(ZoneId::of)
            .filter(zoneId -> now.atZone(zoneId).getOffset().equals(offset))
            .map(ZoneId::toString)
            .sorted()
            .collect(Collectors.toList());
}
```

`ZoneId.getAvailableZoneIds` 方法會回傳一個字串 `List`。你可以使用靜態方法 `ZoneId.of` 將每一個串列對應至一個 `ZoneId`。接著，使用 `LocalDateTime` 的 `atZone` 方法找出那個 `ZoneId` 對應的 `ZonedDateTime` 之後，你可以取得每一個地區的 `ZoneOffset`，並篩選集合，找出只匹配它的地區。接著結果會被對應到字串，它會被排序，並且收集到 `List` 裡面。

你該如何取得 `ZoneOffset`？其中一種方式是使用指定的 `ZoneId`，見範例 8-36。

範例 8-36. 取得指定偏移值的地區名稱

```
public static List<String> getRegionNamesForZoneId(ZoneId zoneId) {
    LocalDateTime now = LocalDateTime.now();
    ZonedDateTime zdt = now.atZone(zoneId);
    ZoneOffset offset = zdt.getOffset();

    return getRegionNamesForOffset(offset);
}
```

這可處理任何 `ZoneId`。

例如，如果你想要找出對應你的地區的地區名稱串列，可使用範例 8-37 的程式。

範例 8-37. 取得目前的地區名稱

```
@Test
public void getRegionNamesForSystemDefault() throws Exception {
    ZonedDateTime now = ZonedDateTime.now();
    ZoneId zoneId = now.getZone();
    List<String> names = getRegionNamesForZoneId(zoneId);

    assertTrue(names.contains(zoneId.getId()));
}
```

如果你不知道地區名稱，但知道它與 GMT 之間的偏移小時與分鐘，`ZoneOffset` 類別有個方便的方法 `ofHoursMinutes` 可做這件事。範例 8-38 的多載展示如何做這件事。

範例 8-38. 使用小時與分鐘偏移值來取得地區名稱

```
public static List<String> getRegionNamesForOffset(int hours, int minutes) {
    ZoneOffset offset = ZoneOffset.ofHoursMinutes(hours, minutes);
    return getRegionNamesForOffset(offset);
}
```

範例 8-39 的測試展示程式的動作。

範例 8-39. 測試指定偏移值的地區名稱

```
@Test
public void getRegionNamesForGMT() throws Exception {
    List<String> names = getRegionNamesForOffset(0, 0);

    assertTrue(names.contains("GMT"));
    assertTrue(names.contains("Etc/GMT"));
    assertTrue(names.contains("Etc/UTC"));
    assertTrue(names.contains("UTC"));
    assertTrue(names.contains("Etc/Zulu"));
}

@Test
public void getRegionNamesForNepal() throws Exception {
    List<String> names = getRegionNamesForOffset(5, 45);

    assertTrue(names.contains("Asia/Kathmandu"));
    assertTrue(names.contains("Asia/Katmandu"));
}

@Test
public void getRegionNamesForChicago() throws Exception {
    ZoneId chicago = ZoneId.of("America/Chicago");
    List<String> names = RegionIdsByOffset.getRegionNamesForZoneId(chicago);

    assertTrue(names.contains("America/Chicago"));
    assertTrue(names.contains("US/Central"));
    assertTrue(names.contains("Canada/Central"));
    assertTrue(names.contains("Etc/GMT+5") || names.contains("Etc/GMT+6"));
}
```

你可以在 Wikipedia，*https://en.wikipedia.org/wiki/List_of_tz_database_time_zones* 找到完整的地區名稱清單。

8.8 事件之間的時間

問題

你想要知道兩個事件之間間隔多少時間。

解決方案

如果你希望人們看得懂時間，可使用時間類別的 between 或 until 方法，或 Period 的 between 方法來產生一個 Period 物件。否則使用 Duration 類別來取得時間軸的秒數與奈秒數。

說明

Date-Time API 有個 java.time.temporal.TemporalUnit 介面，它是用同一個套件的 enum ChronoUnit 來實作的。這個介面的 between 方法會接收兩個 TemporalUnit 實例，並回傳一個 long：

```
long between(Temporal temporal1Inclusive,
             Temporal temporal2Exclusive)
```

開始與結束時間必須是相容的型態。這項實作會在算值之前，先將第二個引數轉換成第一種型態的實例。如果第二個引數在第一個引數之前發生，結果將是負的。

回傳值是引數間的"單位"量。如果你使用 ChronoUnit enum 內的常數，這很方便。

例如，假設你想要知道距離特定日期還有多少天。因為你想知道的是天數，可使用 enum 的 ChronoUnit.DAYS 常數，見範例 8-40。

範例 8-40. 距離選舉日的天數

```
LocalDate electionDay = LocalDate.of(2020, Month.NOVEMBER, 3);
LocalDate today = LocalDate.now();

System.out.printf("%d day(s) to go...%n",
    ChronoUnit.DAYS.between(today, electionDay));
```

因為 between 方法是用 DAYS enum 值來呼叫的，它會回傳天數。ChronoUnit 的其他常數包括 HOURS、WEEKS、MONTHS、YEARS、DECADES、CENTURIES 及其他[11]。

使用 Period 類別

如果你想要拆解成年、月與日，可使用 Period 類別。許多基本類別的 until 方法都有可回傳 Period 的多載：

```
// 在 java.time.LocalDate
Period until(ChronoLocalDate endDateExclusive)
```

這個範例可改寫為範例 8-41。

範例 8-41. 使用 Period 來取得日、月與年

```
LocalDate electionDay = LocalDate.of(2020, Month.NOVEMBER, 3);
LocalDate today = LocalDate.now();

Period until = today.until(electionDay); ❶

years = until.getYears();
months = until.getMonths();
days = until.getDays();
System.out.printf("%d year(s), %d month(s), and %d day(s)%n",
        years, months, days);
```

❶ 與 Period.between(today, electionDay) 等效

如註解所言，Period 類別也有個稱為 between 的 static 方法可做相同的工作。我們建議你使用可讓程式更容易閱讀的編寫風格。

Period 類別是在你需要處理人類看得懂的時間時使用的，例如日、月與年。

使用 Duration 類別

Duration 類別代表以秒或奈秒表示的時間量，很適合與 Instant 一起使用。它的結果可轉換成許多其他型態。這個類別儲存一個代表秒的 long，與一個代表奈秒的 int，如果結束時間比開始時間早時，可能是負的。

11 信不信由你，裡面也有 FOREVER。如果你需要用那個值，請告訴我，我很想知道它的使用案例是什麼。

範例 8-42 是使用 Duration 的簡陋計時機制。

範例 *8-42.* 計時一個方法

```
public static double getTiming(Instant start, Instant end) {
    return Duration.between(start, end).toMillis() / 1000.0;
}

Instant start = Instant.now();
// ... 呼叫要計時的方法 ...
Instant end = Instant.now();
System.out.println(getTiming(start, end) + " seconds");
```

這是“貧窮開發者”的計時方式，但很容易實作。Duration 類別有一些轉換方法：toDays、toHours、toMillis、toMinutes 與 toNanos，這就是範例 8-42 的 getTiming 方法使用 toMillis 並除以 1,000 的原因。

第九章

平行與並行

這一章要討論 Java 8 的平行與並行問題。其中有些概念可追溯到這個語言在很早期的版本中添加的功能（尤其是在 Java 5 加入的 `java.util.concurrent` 套件），但 Java 8 特別加入一些功能來協助你在更高階的抽象進行操作。

平行與並行的其中一個風險在於，有些人會很在乎（口語上）這兩個名詞的差異。我們現在來排除這個問題：

- **並行**（*Concurrency*）指的是多個工作可以在重疊的時段執行
- **平行**（*Parallelism*）指的是多個工作會在實質上相同的時間執行

你要設計的是並行—將問題分解成獨立的操作來讓它們可以同時執行的能力，就算它們目前尚未如此。並行應用是以獨立的執行程序組成的。如果你有多個處理單元[1]，接著你可以平行地實作並行工作，這或許可以改善效能，或許不行。

為什麼平行化無法改善效能？原因很多，但 Java 的平行化在預設情況下會將工作分成多個部分，將每個部分指派給公共的 fork-join 池，執行它們並將結果連在一起。所有的工作都會產生額外的負擔。我們預期的效能改善，許多都是以問題對應那個演算法的程度來決定的。本章的其中一個訣竅會提供一些準則，來告訴你是否該採取平行化。

1　Go 程式語言的設計者，Rob Pike 的傑出演說 “Concurrency Is Not Parallelism” 簡短地討論這些概念。你可以在 *https://www.youtube.com/watch?v=cN_DpYBzKso* 找到這部影片。

Java 8 可讓你輕鬆地嘗試平行化。Rich Hickey（Clojure 程式語言的創造者）有個經典的演說："Simple Made Easy"[2]，這個演說的其中一項基本概念就是**簡單**（*simple*）與**容易**（*easy*）意味著不同的概念。總知，"簡單的事物"是很清楚的概念，不過一項**容易**的事物可能很容易做，但是在引擎蓋下可能隱藏著巨大的複雜度。例如，有些排序演算法很簡單，有些不是如此，但是呼叫 `Stream` 的 `sorted` 方法一定很容易[3]。

平行與並行處理是個複雜的主題，且很難做對。對初學者來說，Java 有些低階的機制可支援多執行緒存取，它使用諸如 `Object` 的 `wait`、`notify` 與 `notifyAll` 方法，以及 `synchronized` 關鍵字。使用這些基本工具來正確編寫並行相當困難，所以這個語言稍後又加入 `java.util.concurrent` 套件，讓開發者可藉由 `ExecutorService`、`ReentrantLock` 與 `BlockingQueue` 等類別以較高階的抽象來處理並行。不過，管理並行仍然很困難，特別是在令人畏懼的"共享的可變狀態（shared mutable state）"怪物出現時。

在 Java 8，要求平行串流很容易，因為它只涉及單個方法呼叫，容易的程度無庸置疑。問題在於，改善效能不太可能很簡單。之前的所有問題仍然存在，它們只是隱藏在表面下而已。

這一章的訣竅不會完整地討論並行與平行，因為這些主題需要用整本書來談[4]。我們在這裡的目標，是讓你知道可用的機制有哪些，以及它們預定的用途是什麼。讓你可以在程式中應用這些概念，並進行你自己的測量與決策。

9.1 將循序串流轉換成平行串流

問題

你想要讓串流成為 `sequential` 或 `parallel`，無論預設的狀態為何。

---

2 影片：*http://www.infoq.com/presentations/Simple-Made-Easy*，文稿：*http://bit.ly/hickey-simplemadeeasy*。

3 另一個很棒的"簡單與容易"的案例，是 Patrick Stewart 在銀河飛龍扮演 Picard 艦長的劇情。有位作家試著告訴他進入星球週圍的軌道的詳細步驟。"胡說！" Stewart 答道。"你剛才說 '標準軌道，少尉'"。

4 特別值得注意的是 Brian Goetz 所著的 *Java Concurrency in Practice*（Addison-Wesley Professional）與 Venkat Subramaniam 所著的 *Programming Concurrency on the JVM*（Pragmatic Bookshelf）。

解決方案

使用 Collection 的 stream 或 parallelStream 方法，或 Stream 的 sequential 或 parallel 方法。

說明

在預設情況下，當你在 Java 中建立串流時，結果是循序的。在 BaseStream（Stream 介面的超類別），你可以使用方法 isParallel 來確定串流究竟是循序或平行的。

範例 9-1 展示如何使用所有的標準機制來建立預設循序串流。

範例 9-1. 建立循序串流（JUnit 測試的一部分）

```
@Test
public void sequentialStreamOf() throws Exception {
    assertFalse(Stream.of(3, 1, 4, 1, 5, 9).isParallel());
}

@Test
public void sequentialIterateStream() throws Exception {
    assertFalse(Stream.iterate(1, n -> n + 1).isParallel());
}

@Test
public void sequentialGenerateStream() throws Exception {
    assertFalse(Stream.generate(Math::random).isParallel());
}

@Test
public void sequentialCollectionStream() throws Exception {
List<Integer> numbers = Arrays.asList(3, 1, 4, 1, 5, 9);
    assertFalse(numbers.stream().isParallel());
}
```

如果來源是個集合，你可以使用 parallelStream 方法產生一個（可能是）平行串流，見範例 9-2。

範例 9-2. 使用 parallelStream 方法

```
@Test
public void parallelStreamMethodOnCollection() throws Exception {
    List<Integer> numbers = Arrays.asList(3, 1, 4, 1, 5, 9);
    assertTrue(numbers.parallelStream().isParallel());
}
```

之所以說“可能”的原因是，這個方法可回傳一個循序串流，但是在預設情況下，串流將會是平行的。Javadocs 指出，循序的情況只會在你建立自己的 `spliterator` 時發生，這種情況並不常見[5]。

另一種建立平行串流的方式是使用既有串流的 `parallel` 方法，見範例 9-3。

範例 9-3. 使用串流的 parallel 方法

```
@Test
public void parallelMethodOnStream() throws Exception {
    assertTrue(Stream.of(3, 1, 4, 1, 5, 9)
            .parallel()
            .isParallel());
}
```

有趣的是，還有一種 `sequential` 方法，它會回傳一個循序串流，見範例 9-4。

範例 9-4. 將平行串流轉換成循序

```
@Test
public void parallelStreamThenSequential() throws Exception {
    List<Integer> numbers = Arrays.asList(3, 1, 4, 1, 5, 9);
    assertFalse(numbers.parallelStream()
            .sequential()
            .isParallel());
}
```

不過，請小心。這裡有個陷阱。假設你要規劃一個管道，其中有部分的處理過程可以平行完成，但其他的部分得循序完成。你或許會用範例 9-5 的程式。

5 講真的，這是個有趣的主題，但已超出本書的範圍。

範例 9-5. 從平行切換成循序（與你想像的不同）

```
List<Integer> numbers = Arrays.asList(3, 1, 4, 1, 5, 9);
List<Integer> nums = numbers.parallelStream()   ❶
        .map(n -> n * 2)
        .peek(n -> System.out.printf("%s processing %d%n",
                Thread.currentThread().getName(), n))
        .sequential()                           ❷
        .sorted()
        .collect(Collectors.toList());
```

❶ 要求平行串流

❷ 在排序前，切換成循序

在這個程式假設你想要將所有數字乘以二，再排序它們。因為乘以二函式是無狀態且組合的（associative），沒有理由不採取平行的做法。但是，排序的本質是循序的[6]。

peek 方法可展示正在進行處理的執行緒名稱，這個範例在呼叫 parallelStream 之後，在呼叫 sequential 之前呼叫 peek。其輸出為：

```
main processing 6
main processing 2
main processing 8
main processing 2
main processing 10
main processing 18
```

main 執行緒做了所有的工作。換句話說，雖然我們呼叫 parallelStream，串流仍然是循序的。為何如此？請記得，使用串流時，在到達最終的表達式之前，所有的處理工作都不會完成，唯有在那個時候，串流的狀態才會被求出。因為在 collect 方法之前的最後一個 parallel 或 sequential 呼叫式是 sequential，所以這個串流是循序的，元素會被做相應的處理。

在執行時，串流可以是平行或循序的。parallel 或 sequential 方法會設定或取消一個布林值，這個值會在到達最終的表達式時被檢查。

6　你可以這樣想：使用平行串流來排序，相當於將一個範圍內的元素分成大小相等的集合，分別排序它們，再試著結合排序的結果。產生的輸出不是對全體排序的結果。

如果你想要以平行的方式來處理一部分的串流，以循序的方式來處理另一部分的話，可以使用兩個不同的串流。這種做法並不方便，但我們沒有更好的替代方案。

9.2 平行處理何時有益？

問題

你想要瞭解使用平行串流的好處。

解決方案

在正確的條件下使用平行串流。

說明

串流 API 的設計，是為了讓你更容易從循序切換到平行串流，不過這不一定可以改善你的效能。請記得，改用平行串流是一種最佳化的行為，在那之前，請先確保你的程式可以正常動作，再評估使用平行串流是否值得。你最好根據實際的資料來做這些決定。

在預設情況下，Java 8 平行串流會使用一般的 fork-join 池來分配工作。那個池的大小等於處理器的數量，你可以用 `Runtime.getRuntime().availableProcessors()` 來得知[7]。管理 fork-join 需要做額外的工作，包括將工作分為各個區段，以及將各個結果結合成最終解答。

為了讓額外的工作有價值，你必須：

- 有大量的資料，或
- 每一個元素的程序都很耗時，與
- 容易分割的資料來源，且
- 無狀態且有關聯的操作

7　技術上，池的大小是處理器減一，但主執行緒也被使用。

前兩個需求通常是在一起的。如果 N 是資料元素的數量，Q 是每個元素需要的計算時間，一般來說，你必須讓 N * Q 超過某個門檻[8]。下一個需求代表你的資料結構必須很容易就可以分成區段，例如陣列。最後，當你要執行任何有狀態或“順序”至關重要的事情，採取平行顯然會產生問題。

以下的範例是最簡單的示範，說明採取平行串流有益的計算。範例 9-6 的串流程式會對整數加上一個相當小的數字。

範例 9-6. 對循序串流加上整數

```
public static int doubleIt(int n) {
    try {
        Thread.sleep(100);          ❶
    } catch (InterruptedException ignore) {
    }
    return n * 2;
}

// 在 main...
Instant before = Instant.now();            ❷
total = IntStream.of(3, 1, 4, 1, 5, 9)
        .map(ParallelDemo::doubleIt)
        .sum();
Instant after = Instant.now();     ❷
Duration duration = Duration.between(start, end);
System.out.println("Total of doubles = " + total);
System.out.println("time = " + duration.toMillis() + " ms");
```

❶ 人工延遲

❷ 測量之前與之後的時間

因為數字加法的速度很快，使用平行處理無法展示明顯的改善，除非加入人工延遲。在這裡，N 非常小，所以我們藉由加入 100 毫秒的 sleep 來放大 Q。

在預設情況下，串流是循序的。因為將每一個元素加倍會延遲 100 毫秒，而這裡有六個元素，整體的程序應該只會花費 0.6 秒，實際的情況也是如此：

```
Total of doubles = 46
time = 621 ms
```

8 你經常會看到這被表示成 N * Q > 10,000，但是沒有人把維度放在 Q，這很難解讀。

接著我們改用 `parallel` 串流。`Stream` 介面有個稱為 `parallel` 的方法可用，見範例 9-7。

範例 *9-7.* 使用平行串流

```
total = IntStream.of(3, 1, 4, 1, 5, 9)
    .parallel()  ❶
    .map(ParallelDemo::doubleIt)
    .sum();
```

❶ 使用平行串流

在八核心機器上，被實例化的 fork-join 池的大小將會是八[9]。這代表串流中的每一個元素都有它自己的核心（假設沒有其他的事情發生，稍後會說明這一點），所以基本上，所有乘以二運算都可同時發生。

現在結果是：

```
Total of doubles = 46
time = 112 ms
```

因為每一個乘以二運算都被延遲 100 毫秒，而且我們有足夠的執行緒可以個別處理每一個數字，整體的計算時間只比 100 毫秒多一點點。

使用 JMH 計時

效能測量出了名地難以取得正確結果，因為它會受到許多因素影響，例如快取、JVM 啟動時間及其他。上述的範例相當簡略，微型效能評定框架 JMH（Java Micro-benchmark Harness，可在 *http://openjdk.java.net/projects/code-tools/jmh/* 取得）是用來做較嚴格測試的機制之一。

JMH 可讓你使用註釋來指定計時模式、範圍、JVM 引數及其他。範例 9-8 為使用 JMH 改寫本節的範例。

範例 *9-8.* 使用 *JMH* 來計時乘以二運算

```
import org.openjdk.jmh.annotations.*;

import java.util.concurrent.TimeUnit;
```

9　這個大小其實是七，不過牽涉的個別執行緒有八個，包括主執行緒。

```
import java.util.stream.IntStream;

@BenchmarkMode(Mode.AverageTime)
@OutputTimeUnit(TimeUnit.MILLISECONDS)
@State(Scope.Thread)
@Fork(value = 2, jvmArgs = {"-Xms4G", "-Xmx4G"})
public class DoublingDemo {
    public int doubleIt(int n) {
        try {
            Thread.sleep(100);
        } catch (InterruptedException ignored) {
        }
        return n * 2;
    }

    @Benchmark
    public int doubleAndSumSequential() {
        return IntStream.of(3, 1, 4, 1, 5, 9)
                .map(this::doubleIt)
                .sum();
    }

    @Benchmark
    public int doubleAndSumParallel() {
        return IntStream.of(3, 1, 4, 1, 5, 9)
                .parallel()
                .map(this::doubleIt)
                .sum();
    }
}
```

預設的設定是在一系列的暖身迭代之後，在兩個獨立的執行緒執行 20 次迭代。典型的執行結果是：

```
Benchmark                          Mode Cnt    Score     Error   Units
DoublingDemo.doubleAndSumParallel   avgt  40   103.523 ± 0.247   ms/op
DoublingDemo.doubleAndSumSequential avgt  40   620.242 ± 1.656   ms/op
```

這些值與簡略的估計基本上是相同的，也就是說，循序處理的時間平均大約是 620 ms，而平行處理平均大約是 103。只要有足夠的處理器可使用，在一個可將執行緒分別指派給六個數字的系統上執行平行計算的速度，大約比連續做每一個計算的速度快六倍。

總和基本型態

上一個範例用人工的方式來擴大小 `N` 的 `Q`，以展示使用平行系統的效能。這一節會讓 `N` 夠大，以取得相同的結論，並比較泛型串流與基本串流的平行與循序，以及直接迭代的處理效能。

這一節的範例很基本，它的基礎來自優秀書籍 *Java 8 and 9 in Action* 的類似示範[10]。

範例 9-9 是迭代做法。

範例 9-9. 在迴圈中迭代加總數字

```
public long iterativeSum() {
    long result = 0;
    for (long i = 1L; i <= N; i++) {
        result += i;
    }
    return result;
}
```

接下來的範例 9-10 展示以循序與迭代方法來總和 `Stream<Long>`。

範例 9-10. 總和泛型串流

```
public long sequentialStreamSum() {
    return Stream.iterate(1L, i -> i + 1)
            .limit(N)
            .reduce(0L, Long::sum);
}

public long parallelStreamSum() {
    return Stream.iterate(1L, i -> i + 1)
            .limit(N)
            .parallel()
            .reduce(0L, Long::sum);
}
```

10 *Java 8 and 9 in Action*，Urma、Fusco 與 Mycroft（Manning Publishers，2017）

這裡的 parallelStreamSum 方法遇到最糟的情況，因為它使用 Stream<Long> 而非 LongStream 來計算，並且使用由 iterate 方法產生的資料集合。系統不知道如何輕鬆地劃分產生的工作。

相較之下，範例 9-11 使用 LongStream 類別（它有個 sum 方法）並使用 rangeClosed，讓 Java 知道如何劃分。

範例 9-11. 使用 LongStream

```
public long sequentialLongStreamSum() {
    return LongStream.rangeClosed(1, N)
            .sum();
}

public long parallelLongStreamSum() {
    return LongStream.rangeClosed(1, N)
            .parallel()
            .sum();
}
```

使用 JMH 來評估 N = 10,000,000 個元素的結果是：

```
Benchmark                Mode  Cnt   Score    Error  Units
iterativeSum             avgt   40   6.441 ± 0.019  ms/op
sequentialStreamSum      avgt   40  90.468 ± 0.613  ms/op
parallelStreamSum        avgt   40  99.148 ± 3.065  ms/op
sequentialLongStreamSum avgt   40   6.191 ± 0.248  ms/op
parallelLongStreamSum    avgt   40   6.571 ± 2.756  ms/op
```

知道所有的裝箱與拆箱費用了嗎？使用 Stream<Long> 而非 LongStream 的做法慢很多，特別是在使用 fork-join 池，且 iterate 難以分割時。使用 LongStream 與 rangeClosed 方法的速度快到讓循序與平行之間的效能差異很小。

9.3 改變池的大小

問題

你想要在公共池中，使用非預設的執行緒數量。

解決方案

改變適當的系統參數，或將工作送給你自己的 ForkJoinPool 實例。

說明

Javadocs 說明 java.util.concurrent.ForkJoinPool 類別的部分提到，你可以使用三種系統特性來控制公共池的構造：

- java.util.concurrent.ForkJoinPool.common.parallelism
- java.util.concurrent.ForkJoinPool.common.threadFactory
- java.util.concurrent.ForkJoinPool.common.exceptionHandler

預設情況下，公共執行緒池的大小等於你機器的處理器數量，你可以用 Runtime.getRuntime().availableProcessors() 取得。你可以將 parallelism 旗標設為非負整數，來指定平行化等級。

你可以在程式中，或在命令列上指定這個旗標。例如，範例 9-12 展示如何使用 System.setProperty 來建立你想要的平行化程度。

範例 9-12. 以程式指定公共池的大小

```
System.setProperty(
    "java.util.concurrent.ForkJoinPool.common.parallelism", "20");
long total = LongStream.rangeClosed(1, 3_000_000)
    .parallel()
    .sum();
int poolSize = ForkJoinPool.commonPool().getPoolSize();
System.out.println("Pool size: " + poolSize);  ❶
```

❶ 印出 Pool size: 20

將池的大小設為大於可用的核心數量無法改善效能。

在命令列，你可以像使用任何系統特性一樣使用 -D 旗標。請注意，用程式來設定的結果會覆寫命令列的設定，見範例 9-13：

範例 9-13. 使用系統參數來設定公共池的大小

```
$ java -cp build/classes/main concurrency.CommonPoolSize
Pool size:20

// ... 將 System.setProperty("...parallelism,20") 這一行改為註解 ...
$ java -cp build/classes/main concurrency.CommonPoolSize
Pool size:7

$ java -cp build/classes/main \
    -Djava.util.concurrent.ForkJoinPool.common.parallelism=10 \
    concurrency.CommonPoolSize
Pool size:10
```

這個範例是在八個處理器的機器上執行的。池的預設大小是七，但這不包含 `main` 執行緒，所以預設有八個使用中的執行緒。

使用你自己的 ForkJoinPool

`ForkJoinPool` 類別有個建構式可接收代表平行化程度的整數。因此你可以建立你自己的池，從公用池分離出來，並將你的工作送給那個池。

範例 9-14 的程式使用這個機制來建立它自己的池。

範例 9-14. 建立你自己的 ForkJoinPool

```
ForkJoinPool pool = new ForkJoinPool(15);         ❶
ForkJoinTask<Long> task = pool.submit(            ❷
    () -> LongStream.rangeClosed(1, 3_000_000)
                    .parallel()
                    .sum());
try {
    total = task.get();                           ❸
} catch (InterruptedException | ExecutionException e) {
    e.printStackTrace();
} finally {
    pool.shutdown();
}
poolSize = pool.getPoolSize();
System.out.println("Pool size: " + poolSize);  ❹
```

❶ 實例化一個大小為 15 的 `ForkJoinPool`

❷ 送出一個 `Callable<Integer>` 工作

❸ 執行工作並等待回應

❹ 印出 Pool size: 15

對串流呼叫 parallel 時，公用池在多數情況下都可以良好執行。如果你需要改變它的大小，可使用系統特性。如果這仍然無法讓你得到想要的結果，可試著建立你自己的 ForkJoinPool，將工作送給它。

無論哪一種情況，務必在決定一個長期的做法之前，先收集效能結果資料。

參見

另一種與使用你自己的池來做平行計算有關的方式是使用 CompletableFuture，見訣竅 9.5。

9.4 Future 介面

問題

你想要展示非同步計算的結果，檢查它是否完成，在必要時取消它，與取得結果。

解決方案

使用實作了 java.util.concurrent.Future 介面的類別。

說明

這本書討論的是 Java 8 與 9 的新功能，包括非常實用的 CompletableFuture 類別。CompletableFuture 除了有許多其他的功能之外，也實作了 Future 介面，所以我們值得看一下 Future 可做些什麼事情。

java.util.concurrent 套件是在 Java 5 加入的，目的是協助開發者在較高階層的抽象進行操作，而非使用簡單的 wait 與 notify。該套件有一個 ExecutorService 介面，這個介面有個 submit 方法，它會接收一個 Callable 與回傳一個 Future 來包裝所需的物件。

例如，範例 9-15 的程式會將一個工作送給 `ExecutorService`，印出字串，接著從 `Future` 取值。

範例 9-15. 送出一個 Callable 並回傳 Future

```
ExecutorService service = Executors.newCachedThreadPool();
Future<String> future = service.submit(new Callable<String>() {
    @Override
    public String call() throws Exception {
        Thread.sleep(100);
        return "Hello, World!";
    }
});
System.out.println("Processing...");
getIfNotCancelled(future);
```

範例 9-16 是 `getIfNotCancelled` 方法。

範例 9-16. 從 Future 取值

```
public void getIfNotCancelled(Future<String> future) {
    try {
        if (!future.isCancelled()) {            ❶
            System.out.println(future.get());    ❷
        } else {
            System.out.println("Cancelled");
        }
    } catch (InterruptedException | ExecutionException e) {
        e.printStackTrace();
    }
}
```

❶ 檢查 `Future` 的狀態

❷ 凍結呼叫（blocking call）以取得它的值

我們可以從 `isCancelled` 方法的名字看出它的功能。我們用 `get` 方法取得 `Future` 裡面的值，該方法是個凍結呼叫，會回傳它裡面的泛型型態。這裡的方法使用 try/catch 區塊來處理已宣告的例外。

其輸出為：

```
Processing...
Hello, World!
```

因為送出的呼叫會立刻回傳 Future<String>，這段程式會馬上印出 "Processing…"。接著對於 get 的呼叫會凍結，直到 Future 完成為止，接著印出結果。

當然，這本書討論的是 Java 8，所以值得一提的是，你可將 Callable 介面的匿名內部類別實作換成 lambda 表達式，見範例 9-17。

範例 9-17. 使用 lambda 表達式並檢查 Future 是否完成

```
future = service.submit(() -> {            ❶
    Thread.sleep(10);
    return "Hello, World!";
});

System.out.println("More processing...");

while (!future.isDone()) {                 ❷
    System.out.println("Waiting...");
}


getIfNotCancelled(future);
```

❶ Callable 的 lambda 表達式

❷ 等待 Future 完成

這一次，除了使用 lambda 表達式之外，我們在 while 迴圈內呼叫 isDone 方法來輪詢 Future，直到它完成。

在迴圈內使用 isDone 稱為忙碌等待（*busy waiting*），這通常是不好的做法，因為它會潛在產生上百萬次呼叫。本章接下來討論的 CompletableFuture 可提供較佳的方式，在 Future 完成時做出反應。

這一次，輸出為：

```
More processing...
Waiting...
Waiting...
Waiting...
// ... 更多的 waiting ...
Waiting...
Waiting...
Hello, World!
```

顯然我們需要更優雅的機制，在 Future 完成時通知開發者，特別是當我們準備使用這個 Future 的結果來做另一項計算時。這是 CompletableFuture 可處理的其中一種問題。

最後，Future 介面有個 cancel 方法，可讓你在改變心意時使用，見範例 9-18。

範例 *9-18. 取消 Future*

```
future = service.submit(() -> {
    Thread.sleep(10);
    return "Hello, World!";
});

future.cancel(true);

System.out.println("Even more processing...");

getIfNotCancelled(future);
```

這段程式會印出：

```
Even more processing...
Cancelled
```

因為 CompletableFuture 擴展了 Future，這個訣竅談到的所有方法都可在它上面使用。

參見

訣竅 9.5、9.6 與 9.7 會討論 Completable Future。

9.5 完成 CompletableFuture

問題

你想要明確地完成一個 CompletableFuture，給它一個值或讓它在 get 方法被呼叫時丟出一個例外。

解決方案

使用 completedFuture、complete 或 completeExceptionally 方法。

說明

CompletableFuture 類別實作了 Future 介面。這個類別也實作 CompletionStage 介面，它的幾十個方法為我們帶來種類繁多的使用案例。

CompletableFuture 真正的好處在於，使用它之後，你不需要編寫嵌套的回呼，就可以協調許多動作。這是後兩個訣竅的主題。這裡的問題是：當你已經知道想要回傳的值時，如何完成 CompletableFuture。

假設你的應用程式需要以產品的 ID 來取出產品，而且這個擷取程序可能會非常昂貴，因為它牽涉某種遠端存取。你要付出的成本可能是透過網路來呼叫 RESTful web 服務，或呼叫資料庫，或任何其他耗時的機制。

因此你決定在本地建立一個產品的快取，採用 Map 形式。透過這種方式，當有人請求產品時，系統可以先檢查 map，如果它回傳 null，再進行較昂貴的操作。範例 9-19 的程式展示以在地與遠端的方式來擷取產品。

範例 9-19. 擷取產品

```
private Map<Integer, Product> cache = new HashMap<>();
private Logger logger = Logger.getLogger(this.getClass().getName());

private Product getLocal(int id) {
    return cache.get(id);                              ❶
}

private Product getRemote(int id) {
    try {
        Thread.sleep(100);
        if (id == 666) {                               ❷
            throw new RuntimeException("Evil request"); ❸
        }
    } catch (InterruptedException ignored) {
    }
    return new Product(id, "name");
}
```

❶ 立刻回傳，但可能是 null

❷ 模擬延遲，接著取回

❸ 模擬網路、資料庫或其他錯誤類型

這裡的做法是建立一個 getProduct 方法來接收 ID 引數並回傳一個產品。但是，如果你讓回傳型態是 CompletableFuture<Product>，方法可以立刻回傳，讓你可以在取回產品後做其他的工作。

為此，你必須透過一種方式來完成 CompletableFuture，相關的方法有三種：

```
            boolean              complete(T value)
static <U> CompletableFuture<U> completedFuture(U value)
            boolean              completeExceptionally(Throwable ex)
```

complete 方法是在你已經有一個 CompletableFuture，而且想要給它一個特定值時使用的。completedFuture 方法是個工廠方法，可使用已經算出的值來建立一個 CompletableFuture。completeExceptionally 方法會使用指定的例外來完成 Future。

同時使用它們可產生範例 9-20 的程式。這段程式假設你已經有個舊版的機制可從遠端系統回傳產品，而且你想要用它來完成 Future。

範例 9-20. 完成 CompletableFuture

```
public CompletableFuture<Product> getProduct(int id) {
    try {
        Product product = getLocal(id);
        if (product != null) {
            return CompletableFuture.completedFuture(product);  ❶
        } else {
            CompletableFuture<Product> future = new CompletableFuture<>();
            Product p = getRemote(id);                          ❷
            cache.put(id, p);
            future.complete(p);                                 ❸
            return future;
        }
    } catch (Exception e) {
        CompletableFuture<Product> future = new CompletableFuture<>();
        future.completeExceptionally(e);                        ❹
        return future;
    }
}
```

❶ 使用取自快取的產品來完成，若有的話

❷ 舊版的擷取

❸ 在舊版的擷取之後完成（下一個範例展示非同步）

❹ 如果出錯，以例外來完成

這個方法會先試著從快取取得產品。如果 map 回傳一個非 null 值，則使用工廠方法 CompletableFuture.completedFuture 來回傳它。

如果快取回傳 null，代表必須做遠端存取。這段程式模擬一種舊版程式的同步做法（稍後詳述）。它先實例化 CompletableFuture，接著使用 complete 方法對它填入生成的值。

最後，如果發生可怕的錯誤（在這裡用 ID 666 來模擬），就丟出 RuntimeException。completeExceptionally 方法會以引數接收那個例外，並用它來完成 Future。

範例 9-21 的測試案例展示這個例外的處理方式。

範例 9-21. 對 CompletableFuture 使用 completeExceptionally

```
@Test(expected = ExecutionException.class)
public void testException() throws Exception {
    demo.getProduct(666).get();
}

@Test
public void testExceptionWithCause() throws Exception {
    try {
        demo.getProduct(666).get();
        fail("Houston, we have a problem...");
    } catch (ExecutionException e) {
        assertEquals(ExecutionException.class, e.getClass());
        assertEquals(RuntimeException.class, e.getCause().getClass());
    }
}
```

這兩個測試都會通過。當你對著 CompletableFuture 呼叫 completeExceptionally 時，get 方法會丟出一個 ExecutionException，它的原因（cause）是最初觸發問題的例外。在這裡，它是 RuntimeException。

get 方法宣告一個 ExecutionException，它是個 checked 例外。join 方法與 get 相同，不過它會在異常完成時丟出一個 unchecked CompletionException，同樣以底層的例外作為它的原因。

範例程式最有可能被換掉的部分是同步取得產品的部分。你可以使用 supplyAsync，它是 CompletableFuture 的其中一項靜態工廠方法。以下是完整的清單：

```
static     CompletableFuture<Void> runAsync(Runnable runnable)
static     CompletableFuture<Void> runAsync(Runnable runnable,
                                            Executor executor)

static <U> CompletableFuture<U>    supplyAsync(Supplier<U> supplier)
static <U> CompletableFuture<U>    supplyAsync(Supplier<U> supplier,
                                               Executor executor)
```

如果你不需要回傳任何東西，runAsync 方法很實用。supplyAsync 方法會使用收到的 Supplier 來回傳一個物件。單引數的方法會使用預設的公用 fork-join 池，而雙引數的多載會在第二個引數使用 executor。

範例 9-22 展示非同步版本。

範例 9-22. 使用 supplyAsync 取得產品

```
public CompletableFuture<Product> getProductAsync(int id) {
    try {
        Product product = getLocal(id);
        if (product != null) {
            logger.info("getLocal with id=" + id);
            return CompletableFuture.completedFuture(product);
        } else {
            logger.info("getRemote with id=" + id);

            return CompletableFuture.supplyAsync(() -> {  ❶
                Product p = getRemote(id);
                cache.put(id, p);
                return p;
            });
        }
    } catch (Exception e) {
        logger.info("exception thrown");
        CompletableFuture<Product> future = new CompletableFuture<>();
        future.completeExceptionally(e);
        return future;
    }
}
```

❶ 與之前相同的操作，但是會非同步地回傳產品

在這個例子中，產品是從實作 Supplier<Product> 的 lambda 表達式內取得的。你可以將它改成一個獨立的方法，將這裡的程式簡化為方法參考。

我們的挑戰是如何在 CompletableFuture 完成後呼叫另一個操作。讓多個 CompletableFuture 實例互相配合是下一個訣竅的主題。

參見

這個訣竅的範例是以 Kenneth Jorgensen 的部落格文章的類似範例為基礎（*http://kennethjorgensen.com/blog/2016/introduction-to-completablefutures*）。

9.6 讓 CompletableFutures 互相配合，第一部分

問題

你想要讓一個 Future 的完成觸發另一個動作。

解決方案

使用 CompletableFuture 內可協調動作的各種實例方法，例如 thenApply、thenCompose、thenRun 與其他。

說明

CompletableFuture 類別最棒的部分是它可讓我們輕鬆地串接 Future。你可以建立多個 future 來代表想要執行的各種工作，接著用一個 Future 的完成來觸發另一個 Future 的執行，讓它們互相配合。

例如，參考以下這個簡單的程序：

- 要求一個 Supplier 提供一個含有數字的字串
- 將數字解析成整數
- 將數字乘以二
- 印出它

範例 9-23 的程式展示做法有多麼簡單。

範例 9-23. 使用 CompletableFuture 協調工作

```
private String sleepThenReturnString() {
   try {
       Thread.sleep(100);                   ❶
   } catch (InterruptedException ignored) {
   }
   return "42";
}

CompletableFuture.supplyAsync(() -> this::sleepThenReturnString)
        .thenApply(Integer::parseInt)       ❷
        .thenApply(x -> 2 * x)              ❷
        .thenAccept(System.out::println)    ❸
        .join();                            ❹
System.out.println("Running...");
```

❶ 加入人工的延遲

❷ 當上一個階段完成時，套用函式

❸ 當上一個階段完成時，套用取用者

❹ 取得完成的結果

程式的輸出是“Running…”，之後會出現 84。supplyAsync 方法會接收一個 Supplier（這個案例使用型態 String）。thenApply 方法會接收一個 Function，它的輸入引數是上一個 CompletionStage 的結果。第一個 thenApply 的函式會將字串轉換成整數，接著第二個 thenApply 的函式會將整數乘以二。最後一個 thenApply 方法會接收一個 Consumer，在上一個階段完成時執行。

CompletableFuture 有許多不同的協作方法。表 9-1 是完整的清單（除了多載之外，下一個表格會說明）。

表 9-1. CompletableFuture 的協作方法

修飾子	回傳型態	方法名稱	引數
	Completable Future<Void>	acceptEither	CompletionStage<? extends T> other, Consumer<? super T> action
static	Completable Future<Void>	allOf	CompletableFuture<?>... cfs

修飾子	回傳型態	方法名稱	引數
static	Completable Future<Object>	anyOf	CompletableFuture<?>... cfs
<U>	CompletableFuture<U>	apply ToEither	CompletionStage<? extends T> other, Function<? super T, U> fn
	Completable Future<Void> Completable Future<Void> Completable Future<Void>	runAfterBoth runAfter Either thenAccept	CompletionStage<?> other, Runnable action CompletionStage<?> other, Runnable action Consumer<? super T> action
<U>	CompletableFuture<U>	thenApply	Function<? super T> action, ? extends U> fn
<U,V>	CompletableFuture<V>	thenCombine	CompletionStage<? extends U> other, BiFunction<? super T, ? super U, ? extends V> fn
<U>	CompletableFuture<U>	thenCompose	Function<? super T, ? extends CompletionStage<U>> fn
	Completable Future<Void> CompletableFuture<T>	thenRun whenComplete	Runnable action BiConsumer<? super T, ? super Throwa ble> action

這張表的所有方法都使用公共的工人執行緒 ForkJoinPool，它的大小等於處理器的總數量。我們已經討論過 runAsync 與 supplyAsync 方法，它們都是工廠方法，可讓你指定一個 Runnable 或 Supplier，並回傳一個 CompletableFuture。如表所示，你可以連接額外的方法，例如 thenApply 或 thenCompose，來加入前一個工作完成後要執行的工作。

這張表省略每一種方法的一組相似方法，每一個方法有兩個，並且以 Async 結尾：一個有 Executor，一個沒有。例如，thenAccept 的變化版本是：

```
CompletableFuture<Void> thenAccept(Consumer<? super T> action)
CompletableFuture<Void> thenAcceptAsync(Consumer<? super T> action)
CompletableFuture<Void> thenAcceptAsync(
  Consumer<? super T> action, Executor executor)
```

thenAccept 方法會在原始工作的同一個執行緒執行它的 Consumer 引數，第二個版本會再次將它送到池子。第三個版本提供一個 Executor，它會被用來執行工作，以取代公共 fork-join 池。

我們必須權衡得失，以選擇是否使用方法的 Async 版本。你或許可以用非同步工作來讓個別工作的執行速度更快，但它們也會加入額外的負擔，可能無法改善整體的完成速度。

如果你想要使用自己的 Executor，而非公共池，請記得 ExecutorService 實作了 Executor 介面。範例 9-24 的程式是使用個別池子的版本。

範例 *9-24.* 在個別的執行緒池執行 *CompletableFuture* 工作

```
ExecutorService service = Executors.newFixedThreadPool(4);
CompletableFuture.supplyAsync(() -> this::sleepThenReturnString, service)  ❶
        .thenApply(Integer::parseInt)
        .thenApply(x -> 2 * x)
        .thenAccept(System.out::println)
        .join();
System.out.println("Running...");
```

❶ 用引數來提供個別的池子

後續的 thenApply 與 thenAccept 方法會使用與 supplyAsync 方法相同的執行緒。如果你使用 thenApplyAsync，工作會被送給池子，除非你用額外的引數來加入另一個池子。

在公共的 ForkJoinPool 等待完成

預設情況下，CompletableFuture 使用所謂的“公共”fork-join 池，它是一種最佳化的執行緒池，可執行工作竊取（*work stealing*），據 Javadocs 所述，這代表池中的所有執行緒都會“試著尋找與執行被送到池子的工作，以及（或）其他活躍的工作所建立的工作”。要注意的重點是，所有的工人執行緒都是 *daemon* 執行緒，代表如果整個程式在執行緒完成之前結束，它們都會被終止。

這代表如果你執行範例 9-23 的程式而不呼叫 join()，就只會看到“Running…”，不會看到 Future 的結果。系統會在工作完成之前終止。

有兩種方式可以修正這個情形。一種是呼叫之前提過的 get 或 join，它會在取得最終結果之前凍結。另一種做法是提供一個逾時期限給公共池，要求程式等待所有執行緒完成：

```
ForkJoinPool.commonPool().awaitQuiesence(long timeout, TimeUnit unit)
```

如果你提供一個夠長的等待期限給池子，Futures 就可以完成。awaitQuiescence 方法可要求系統等待，直到所有工人執行緒都閒置，或直到指定的時間期限到達為止，看哪一種情況先發生。

對於回傳一個值的 CompletableFuture 實例，你可以使用 get 或 join 方法來取得值。它們都會凍結，直到 Future 完成或丟出例外為止。這兩種方式的差異在於，get 會丟出一個（checked）ExecutionException，而 join 會丟出一個（unchecked）CompletionException。這代表 join 比較方便在 lambda 表達式中使用。

你也可以使用 cancel 方法取消 CompletableFuture，它會接收一個布林：

```
boolean cancel(boolean mayInterruptIfRunning)
```

如果 Future 還沒有完成，這個方法會藉由 CancellationException 來完成它。任何相關的 Future 都會因為 CancellationException 造成的 CompletionException 而出現例外地完成。發生這種情形時，布林引數沒有作用[11]。

範例 9-23 的程式展示 thenApply 與 thenAccept 方法。thenCompose 是個實例方法，可讓你在原本的 Future 後面連接另一個 Future，讓第二個可以使用第一個產生的結果。範例 9-25 的程式可能是全世界最複雜的兩個數字相加方式。

範例 9-25. 將兩個 Futures 組成一個

```
@Test
public void compose() throws Exception {
    int x = 2;
    int y = 3;
    CompletableFuture<Integer> completableFuture =
        CompletableFuture.supplyAsync(() -> x)
```

11 有趣的是，根據 Javadocs，布林參數“沒有效果，因為中斷未被用來控制處理過程。”

```
            .thenCompose(n -> CompletableFuture.supplyAsync(() -> n + y));

    assertTrue(5 == completableFuture.get());
}
```

thenCompose 的引數是個函式，它會接收第一個 Future 的結果，並將它轉換成第二個的輸出。如果你希望 Future 是獨立的，可以改用 thenCombine，見範例 9-26。[12]

範例 9-26. 結合兩個 Futures

```
@Test
public void combine() throws Exception {
    int x = 2;
    int y = 3;
    CompletableFuture<Integer> completableFuture =
        CompletableFuture.supplyAsync(() -> x)
            .thenCombine(CompletableFuture.supplyAsync(() -> y),
                         (n1, n2) -> n1 + n2);

    assertTrue(5 == completableFuture.get());
}
```

thenCombine 方法會接收一個 Future 與一個 BiFunction 引數，這兩個 Future 的結果可於計算結果時，在函式內取得。

還有一個特殊方法值得注意。handle 方法的簽章是：

```
<U> CompletableFuture<U> handle(BiFunction<? super T, Throwable, ? extends U> fn)
```

當 Future 正常完成時，結果為 BiFunction 的兩個輸入引數，當它沒有正常完成時，結果是丟出的例外。你的程式會決定該回傳什麼。此外也有 handleAsyc 方法可接收一個 BiFunction，或一個 BiFunction 與一個 Executor。見範例 9-27。

範例 9-27. 使用 handle 方法

```
private CompletableFuture<Integer> getIntegerCompletableFuture(String num) {
    return CompletableFuture.supplyAsync(() -> Integer.parseInt(num))
        .handle((val, exc) -> val != null ? val :0);
}

@Test
public void handleWithException() throws Exception {
```

12 OK，這可能是有史以來將兩個數字相加最複雜的方式。

```
    String num = "abc";
    CompletableFuture<Integer> value = getIntegerCompletableFuture(num);
    assertTrue(value.get() == 0);
}

@Test
public void handleWithoutException() throws Exception {
    String num = "42";
    CompletableFuture<Integer> value = getIntegerCompletableFuture(num);
    assertTrue(value.get() == 42);
}
```

這個範例只是解析一個字串，尋找整數。如果解析成功，就會回傳整數，否則會丟出 ParseException，且 handle 方法會回傳零。兩項測試展示無論在哪種情況，程式都可正常運作。

你可以看到，我們可採取各種方式來結合工作，使用同步或非同步的方式、在公用池或你自己的 executor。下一個訣竅將藉由一個大型的範例來展示它們的用法。

參見

訣竅 9.7 有個較複雜的範例。

9.7 讓 CompletableFutures 互相配合，第二部分

問題

你想要看更大型的 CompletableFuture 實例協作範例。

解決方案

存取一組網頁，裡面含有棒球賽季每一天的資料，每一個網頁都有一些連結可連到當天進行的賽事。下載每一場球賽的成績看板，並將它轉換成 Java 類別。接著以非同步的方式儲存資料，計算每一場比賽的結果，找出總得分最高的比賽，並印出最高的分數與那一場比賽。

說明

這個訣竅展示的範例比本書其他部分的範例還要複雜許多。希望它可以讓你知道你可以做到什麼事情，以及如何結合 `CompletableFuture` 工作來完成你自己的目標。

這個應用程式採用大聯盟維護的一組網頁，它裡面存有在指定日期的球賽成績看板[13]。圖 9-1 是 2017 年 7 月 14 日所有比賽的網頁。

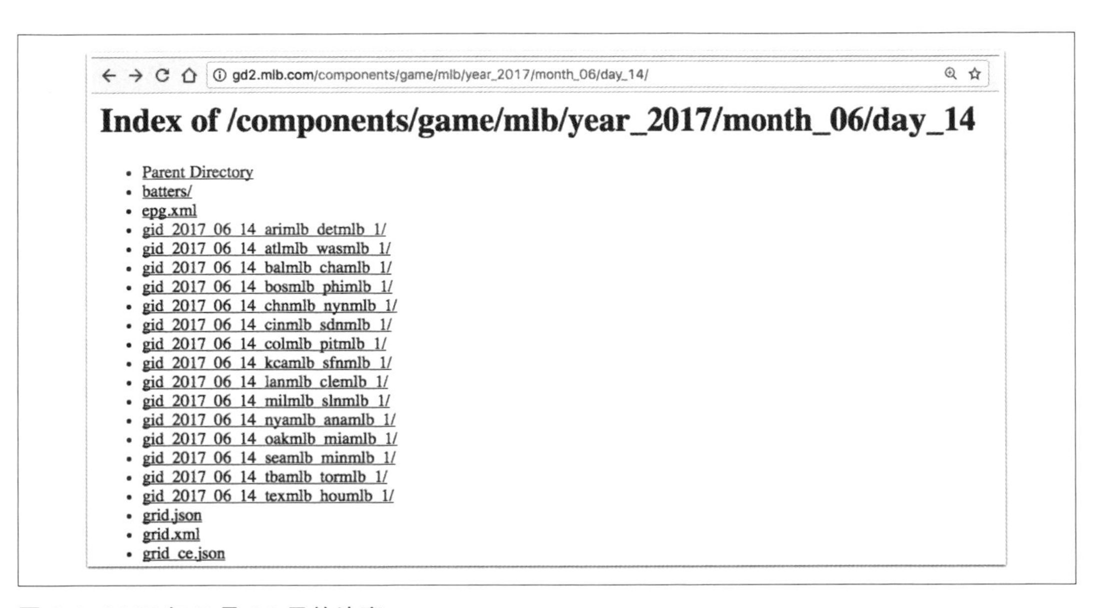

圖 9-1. 2017 年 7 月 14 日的比賽

在這個網頁中，每一場比賽的連結都有字母“gid”，之後是年、月與日，接著是客隊代碼與主隊代碼。當你按下任何一個連結，就會連到一個存有一串檔案的網站，其中有個檔案稱為 *boxscore.json*。

這個應用程式是為了：

1. 造訪含有某個日期範圍的比賽的網站。
2. 找出每個網頁的比賽連結。

13 就這個範例而言，你只要知道，棒球是兩支隊伍的競賽，每一隊都要想辦法得分，直到其中一隊勝出為止，而該場比賽的統計數據組合稱為成績看板。

3. 下載每一場比賽的 *boxscore.json* 檔案

4. 將每場比賽的 JSON 檔案轉換成 Java 物件。

5. 將下載的結果存入本地檔案。

6. 找出每場比賽的分數。

7. 找出總分數最多的比賽。

8. 印出各個分數以及最多分的比賽與分數。

我們可將許多工作安排成並行執行，並讓許多工作平行執行。

這個範例的完整程式很大，無法放入這本書，但你可以在隨書的網站取得它（*https://github.com/kousen/cfboxscores*）。這個訣竅將會說明平行串流與可完成 Future 的用法。

第一個挑戰是找出指定日期範圍內每一天的比賽連結。範例 9-28 的 GamePageLinksSupplier 類別實作了 Supplier 介面，以產生代表比賽連結的字串串列。

範例 9-28. 取得一個日期範圍的比賽連結

```
public class GamePageLinksSupplier implements Supplier<List<String>> {
    private static final String BASE =
        "http://gd2.mlb.com/components/game/mlb/";
    private LocalDate startDate;
    private int days;

    public GamePageLinksSupplier(LocalDate startDate, int days) {
        this.startDate = startDate;
        this.days = days;
    }

    public List<String> getGamePageLinks(LocalDate localDate) {
        // 使用 JSoup 程式庫來解析 HTML 網站
        // 並取得以 "gid" 開頭的連結
    }

    @Override
    public List<String> get() {  ❶
        return Stream.iterate(startDate, d -> d.plusDays(1))
            .limit(days)
            .map(this::getGamePageLinks)
```

```
            .flatMap(list -> list.isEmpty() ? Stream.empty() : list.stream())
            .collect(Collectors.toList());
    }
}
```

❶ Supplier<List<String>> 需要的方法

get 方法會使用 Stream 的 iterate 方法來迭代一個日期範圍。它會從指定的日期開始，將天數往上加，直到上限。

在 Java 9 加入 LocalDate 的 datesUntil 方法可產生一個 Stream<LocalDate>。詳情見訣竅 10.7。

每一個 LocalDate 都會變成 getGamePageLinks 方法的引數，它使用 JSoup（*http://jsoup.org*）程式庫來解析 HTML 網頁，找出所有 "gid" 開頭的連結，並以字串回傳它們。

下一個步驟是取得每一個比賽連結的 *boxscore.json* 檔案，我們用 BoxscoreRetriever 類別來完成，它實作了 Function<List<String>、List<Result>>，如範例 9-29 所示。

範例 9-29. 從比賽連結串列取得成績看板

```
public class BoxscoreRetriever implements Function<List<String>, List<Result>> {
    private static final String BASE =
        "http://gd2.mlb.com/components/game/mlb/";

    private OkHttpClient client = new OkHttpClient();
    private Gson gson = new Gson();

    @SuppressWarnings("ConstantConditions")
    public Optional<Result> gamePattern2Result(String pattern) {
        // ... 省略程式 ...
        String boxscoreUrl = BASE + dateUrl + pattern + "boxscore.json";

        // .. 設定 OkHttp 來發出網路呼叫 ...
        try {
            // ... 取得回應 ...
            if (!response.isSuccessful()) {
                System.out.println("Box score not found for " + boxscoreUrl);
                return Optional.empty();  ❶
            }
```

```java
            return Optional.ofNullable(
                gson.fromJson(response.body().charStream(), Result.class));  ❷
        } catch (IOException e) {
            e.printStackTrace();
            return Optional.empty();        ❶
        }
    }

    @Override
    public List<Result> apply(List<String> strings) {
        return strings.parallelStream()
                .map(this::gamePattern2Result)
                .filter(Optional::isPresent)
                .map(Optional::get)
                .collect(Collectors.toList());
    }
}
```

❶ 如果找不到成績看板（因為下雨或其他問題），就回傳一個空的 `Optional`

❷ 使用 Gson 將 JSON 轉換成 `Result`

這個類別使用 OkHttp 程式庫（*http://square.github.io/okhttp/*）與 Gson JSON 解析程式庫（*https://github.com/google/gson*）以 JSON 格式下載成績看板，並將它轉換成 `Result` 型態的物件。這個類別實作了 `Function` 介面，所以它也實作 `apply` 方法以將字串串列轉換成結果串列。如果比賽因雨延期或發生某些網路錯誤，則指定比賽的成績看板可能不存在，所以 `game Pattern2Result` 方法會回傳一個 `Optional<Result>`，它在這些情況下是空的。

`apply` 方法會遍歷比賽連結，將每個連結轉換成 `Optional<Result>`，接著篩選串流，只讓非空的 `Optional` 實例通過，再對每一個實例呼叫 `get` 方法。最後，它會將它們收集到結果串列裡面。

Java 9 也在 `Optional` 加入一個 `stream` 方法，它可簡化 `filter(Optional::isPresent)` 與之後的 `map(Optional::get)` 程序。詳情見訣竅 10.6。

取得成績看板之後，我們可將它們存放在本地。這可用範例 9-30 的方法來完成。

範例 9-30. 將每一個成績看板存入檔案

```
private void saveResultList(List<Result> results) {
    results.parallelStream().forEach(this::saveResultToFile);
}

public void saveResultToFile(Result result) {
    // ... 根據日期與隊伍名稱決定檔案名稱 ...
    try {
        File file = new File(dir + "/" + fileName);
        Files.write(file.toPath().toAbsolutePath(), ❶
                    gson.toJson(result).getBytes());
    } catch (IOException e) {
        e.printStackTrace();
    }
}
```

❶ 建立或覆寫檔案，接著關閉它

使用這個預設選項的 `Files.write` 方法會在檔案不存在時建立一個檔案，或存在時覆寫它，接著關閉它。

這裡使用另外兩種後續處理方法。一種稱為 `getMaxScore`，可找出指定比賽的最大總分數。另一種稱為 `getMaxGame`，可回傳分數最多的比賽。範例 9-31 展示兩者。

範例 9-31. 取得最多的總分，與那一場比賽

```
private int getTotalScore(Result result) {
    // ... 兩隊的分數總和 ...
}

public OptionalInt getMaxScore(List<Result> results) {
    return results.stream()
            .mapToInt(this::getTotalScore)
            .max();
}

public Optional<Result> getMaxGame(List<Result> results) {
    return results.stream()
            .max(Comparator.comparingInt(this::getTotalScore));
}
```

最後，之前的所有方法與類別可以結合成 completable `Future`。範例 9-32 是主應用程式。

範例 9-32. 主應用程式

```
public void printGames(LocalDate startDate, int days) {
    CompletableFuture<List<Result>> future =
        CompletableFuture.supplyAsync(
            new GamePageLinksSupplier(startDate, days))
                .thenApply(new BoxscoreRetriever());        ❶

    CompletableFuture<Void> futureWrite =
        future.thenAcceptAsync(this::saveResultList)        ❷
            .exceptionally(ex -> {
                System.err.println(ex.getMessage());
                return null;
            });

    CompletableFuture<OptionalInt> futureMaxScore =
        future.thenApplyAsync(this::getMaxScore);
    CompletableFuture<Optional<Result>> futureMaxGame =
        future.thenApplyAsync(this::getMaxGame);
    CompletableFuture<String> futureMax =
        futureMaxScore.thenCombineAsync(futureMaxGame,      ❸
            (score, result) ->
                String.format("Highest score: %d, Max Game: %s",
                              score.orElse(0), result.orElse(null)));

    CompletableFuture.allOf(futureWrite, futureMax).join(); ❹

    future.join().forEach(System.out::println);
    System.out.println(futureMax.join());
}
```

❶ 協調工作來取得成績看板

❷ 存至檔案，如果發生問題則以例外完成

❸ 結合兩個 max 工作

❹ 完成所有事情

這個範例建立一些 `CompletableFuture` 實例。第一個實例使用 `GamePageLinksSupplier` 取得指定的日期的所有比賽網頁連結，接著套用 `BoxscoreRetriever` 來將它轉換成結果。第二個實例會將每一個結果寫至磁碟，如果發生錯誤，則以例外完成。接著的後續處理步驟會找出最高的總分數與那一場比賽[14]。`allOf` 方法的用途是完成所有工作，接著印出結果。

14　顯然這可以同時完成，但它目的是作為一個良好的 `thenCombine` 範例。

留意 thenApplyAsync 的用法，它並非絕對需要的，但可讓工作非同步執行。

如果你讓這個程式執行自 2017 年 5 月 5 日起三天，可以取得：

```
GamePageParser parser = new GamePageParser();
parser.printGames(LocalDate.of(2017, Month.MAY, 5), 3);
```

輸出的結果是：

```
Box score not found for Los Angeles at San Diego on May 5, 2017
May 5, 2017:Arizona Diamondbacks 6, Colorado Rockies 3
May 5, 2017:Boston Red Sox 3, Minnesota Twins 4
May 5, 2017:Chicago White Sox 2, Baltimore Orioles 4
// ... 更多分數 ...
May 7, 2017:Toronto Blue Jays 2, Tampa Bay Rays 1
May 7, 2017:Washington Nationals 5, Philadelphia Phillies 6
Highest score:23, Max Game:May 7, 2017:Boston Red Sox 17, Minnesota Twins 6
```

希望這可以讓你知道如何結合本書討論的許多功能，從使用 CompletableFuture 的 future 工作到 Supplier 與 Function 等泛函介面，至 Optional、Stream 與 LocalDate 等類別，甚是 map、filter 與 flatMap 等方法，來解決有趣的問題。

參見

訣竅 9.6 討論可完成的 Future 的協作方法。

第十章

Java 9 的新增功能

在寫這本書時，Java SDK 9 已被視為具備完整功能，但尚未發表。獲得最多報導的新功能是 Project Jigsaw，它為語言加入新的模組化機制。

這一章的訣竅與新功能有關，例如介面內的私用方法、不可變集合的工廠方法，及串流的新方法，`Optional` 與 `Collectors`。這些訣竅都已經用 Java SE 9 Early Access build 174 測試過了。

僅供參考，本章未討論的 Java 9 新功能有：

- `jshell` 互動式主控台
- 修改過的 `try-with-resources` 區塊
- 鑽石運算子的寬鬆語法
- 新的 deprecation 警告
- 反應式的串流類別
- 堆疊遍歷 API
- 修改過的 `Process` 類別

有些功能比較不重要（例如鑽石運算子的改變、`try-with-resources` 需求與 deprecation 警告），有些是專業的主題（例如堆疊遍歷 API 與 Process API 的改變）。在文件中，新殼層獲得大量的討論，它也有課程可供學習。

最後，反應式串流（reactive stream）的加入很吸引人，但開放原始碼社群已經提供 Reactive Streams（*http://www.reactive-streams.org/*）、RxJava 及其他 API，或許先等候一下，看看社群決定如何支援新的 Java 9 API 是比較好的做法。

這一章的訣竅希望能夠涵蓋最常見的使用案例。如果我們無法達成這個目標，會在本書的下一個版本加入更多訣竅[1]。

你可以感受到，這一章的訣竅與其他部分不同。這本書採取使用案例風格，也就是說，每一個訣竅都會解決特定類型的問題。這一章，有些訣竅只是為了討論 API 的新功能而存在的。

10.1 Jigsaw 的模組

問題

你想要透過標準程式庫來使用 Java 模組，並將你自己的程式封裝在模組中。

解決方案

瞭解 Jigsaw 模組的基本知識，並學習如何使用模組化的 JDK。接著等待 Java 9 的最終版本，再做出任何與升級有關的決策。

說明

JSR 376，即 Java Platform Module System，是在 Java 9 中最大的改變，也是爭議最大的一種。人們在將近十年的期間不斷嘗試將 Java 模組化[2]，他們的努力已經取得各種程度的成功，並且受到採納，最終成為 JPMS。

雖然模組系統施加的"強力"封裝有易於維護的優點，但沒有新功能是不需要付出代價的。對一個有二十年的回溯相容性需要維護的語言做出根本改變，必定是十分艱難的任務。

1 它甚至可能會有 Jigsaw 成果的細節。希望如此。:)

2 Jigsaw 專案本身是在 2008 年建立的。

例如，**模組**的概念改變了 `public` 與 `private` 的性質。如果模組不匯出特定的套件，你就無法使用它裡面的類別，即使它們被寫成 `public`。你也再也不能使用反射（reflection）來存取被匯出的套件內不存在的非公用類別成員。這會影響採用反射的程式庫與框架（包括熱門的 Spring 與 Hibernate 等等），以及幾乎所有 JVM 上的非 Java 語言。作為讓步，團隊提出一種命令列旗標，稱為 `--illegal-access=permit`，它在 Java 9 將會是預設值，並且在未來的版本禁用（*http://bit.ly/javanews-may-2017*）。

在寫這本書時（2017 年 6 月下旬），於 Java 9 中加入 JPMS 規格的提議已被拒絕一次，不過它目前正在修訂中，以準備另一次的票選[3]。此外，Java 9 的發表日期已被延遲到 2017 年 9 月下旬。

不過，某種形式的 Jigsaw 極有可能會被納入 Java 9，它的基本功能已經很成熟了。這個訣竅的目的，是為了讓你掌握這些基本功能的基礎知識，如此一來，當 JPMS 系統被採納時，你就可以善用它。

你要知道的第一件事，就是不需要將你自己的程式模組化。Java 程式庫已經被模組化，且其他的依賴程式庫都正在進行模組化，但你可以等到系統穩定時，再對你自己的程式做同樣的事情。

模組

新系統定義了一些模組，它們有名稱（除了所謂的**無名**模組），並透過一個稱為 *module-info.java* 的檔案來表達它們的依賴關係與匯出套件。模組在它的可傳遞 JAR 裡面加入編譯好的 *module-info.class*。這個 *module-info.java* 檔案稱為**模組描述檔**（*module descriptor*）。

module-info.java 的內容的開頭是 `module` 這個字，接著使用 `requires` 與 `exports` 關鍵字的組合來描述這個模組做的事情。作為展示，以下這個簡單的 "Hello, World!" 範例使用兩個模組與 JVM。

範例模組是 `com.oreilly.suppliers` 與 `com.kousenit.clients`。

3　在 6 月 26 日截止的第二輪投票中，JPMS 規格受到一致的贊成（有一票棄權）。詳細結果見 *https://jcp.org/en/jsr/results?id=6016*。

目前建議採用的模組命名規範是“反向 URL”模式。

前者提供一個代表名稱的字串 Stream。後者會將每個名稱與歡迎訊息印到主控台。

就 Supplier 模組而言，範例 10-1 是 NamesSupplier 類別的原始程式。

範例 10-1. 提供名稱串流

```
package com.oreilly.suppliers;

// 匯入 ...

public class NamesSupplier implements Supplier<Stream<String>> {
    private Path namesPath = Paths.get("server/src/main/resources/names.txt");

    @Override
    public Stream<String> get() {
        try {
            return Files.lines(namesPath);
        } catch (IOException e) {
            e.printStackTrace();
            return null;
        }
    }
}
```

（這個模組被放在一個 IntelliJ 模組裡面—不幸的是，IntelliJ IDEA 也使用“模組”這個字來表示不同的概念—稱為“server”，這就是在文字檔案的路徑中有這個名稱的原因。）

names.txt 的內容是 [4]：

```
Londo
Vir
G'Kar
Na'Toth
Delenn
Lennier
Kosh
```

4 這本書終於談到 *Babylon 5* 了。或許太空站也被建在模組外頭（對不起）。

範例 10-2 是在使用端模組中，`Main` 類別的原始程式。

範例 10-2. 印出名稱

```
package com.kousenit.clients;

// 匯入 ...

public class Main {
    public static void main(String[] args) throws IOException {
        NamesSupplier supplier = new NamesSupplier();

        try (Stream<String> lines = supplier.get()) {  ❶
            lines.forEach(line -> System.out.printf("Hello, %s!%n", line));
        }
    }
}
```

❶ `try-with-resources` 會自動關閉串流

範例 10-3 是 `Supplier` 程式的 *module-info.java* 檔案。

範例 10-3. 定義 Supplier 模組

```
module com.oreilly.suppliers {       ❶
    exports com.oreilly.suppliers;   ❷
}
```

❶ 模組名稱

❷ 讓模組可供人使用

範例 10-4 是使用端模組的 *module-info.java* 檔案。

範例 10-4. 定義使用端模組

```
module com.kousenit.clients {         ❶
    requires com.oreilly.suppliers;   ❷
}
```

❶ 模組名稱

❷ 需要 `Supplier` 模組

當你執行這個程式時，它的輸出是：

```
Hello, Vir!
Hello, G'Kar!
Hello, Na'Toth!
Hello, Delenn!
Hello, Lennier!
Hello, Kosh!
```

在 Supplier 模組內的 exports 子句是必要的，可讓 NamesSupplier 類別可被使用端看到。使用端模組內的 requires 子句可告知系統：這個模組需要來自 Supplier 模組的類別。

如果你想要取得該模組的伺服器的記錄，為了加入 JVM 的 java.util.logging 套件的 Logger，見範例 10-5。

範例 10-5. 在 Supplier 模組加入記錄

```
public class NamesSupplier implements Supplier<Stream<String>> {
    private Path namesPath = Paths.get("server/src/main/resources/names.txt");
    private Logger logger = Logger.getLogger(this.getClass().getName());      ❶

    @Override
    public Stream<String> get() {
        logger.info("Request for names on " + Instant.now());                  ❷
        try {
            return Files.lines(namesPath);
        } catch (IOException e) {
            e.printStackTrace();
            return null;
        }
    }
}
```

❶ 建立一個 Java logger

❷ 包含時戳的記錄

這段程式無法編譯。JVM 已經被模組化成為 Java 9 的一部分了，而 java.util.logging 套件不屬於 java.base，而 java.base 是 JVM 唯一預設提供的模組。為了使用 Logger 類別，你必須更新 *module-info.java* 檔案來匹配它，見範例 10-6。

範例 10-6. 更新後的 module-info.java 檔案

```
module com.oreilly.suppliers {
    requires java.logging;  ❶
    exports com.oreilly.suppliers;
}
```

❶ 需要 `java.base` 以外的其他 JVM 模組

JVM 模組都有它們自己的 *module-info.java* 檔案。例如，範例 10-7 是 `java.logging` 模組的 *module-info.java* 檔。

範例 10-7. Java Logging API 的 module-info.java 檔

```
module java.logging {
    exports java.util.logging;
    provides jdk.internal.logger.DefaultLoggerFinder with
        sun.util.logging.internal.LoggingProviderImpl;
}
```

這個檔案並未匯出模組。當使用端請求 logger 時，它也提供一個 Service Provider Interface (SPI) 的內部實作 `DefaultLoggerFinder`，以 `LoggingProviderImpl` 類別的形式。

Jigsaw 也建立了一些機制來與服務定位器及提供者一起合作。詳情請見文件。

希望這可以幫助你瞭解模組如何定義，以及它們如何合作。希望在接下來的幾個月可以看到更多關於這個領域的東西。

在規格被批准之前，還有許多與模組有關的問題會被解決，其中許多都與移植舊程式有關。無名模組與自動模組之類的名詞，都與不是在任何模組內而是在"模組路徑"上的程式有關。且模組是用既有的舊 JAR 檔案形成的。許多關於 JPMS 的爭論都與如何處理這些案例有關。

參見

Jigsaw 的開發屬於 Open JDK 專案的一部分。請參考 *http://openjdk.java.net/projects/jigsaw/quick-start* 的快速啟動指南。目前的文件位於 *http://openjdk.java.net/projects/jigsaw/spec/sotms/*（標題是"State of the Module System"）。

10.2 介面內的私用方法

問題

你想要在介面中加入私用方法，讓介面的其他方法呼叫。

解決方案

現在 Java SE 9 可讓你對介面方法使用 `private` 關鍵字。

說明

在 Java SE 8，開發者第一次可以在介面方法中加入實作，並將它們標示為 `default` 或 `static`。下一步是也加入 `private` 方法。

私用方法使用關鍵字 `private`，必須有實作。如同類別中的私用方法，它們不能被覆寫，甚至只能被同一個原始檔內的程式呼叫。

範例 10-8 雖然有點做作，但足以說明用法。

範例 10-8. 介面內的私用方法

```
import java.util.function.IntPredicate;
import java.util.stream.IntStream;

public interface SumNumbers {
    default int addEvens(int... nums) {
        return add(n -> n % 2 == 0, nums);
    }

    default int addOdds(int... nums) {
        return add(n -> n % 2 != 0, nums);
    }

    private int add(IntPredicate predicate, int... nums) {  ❶
        return IntStream.of(nums)
                .filter(predicate)
                .sum();
    }
}
```

❶ 私用方法

addEvens 與 addOdds 方法都是 public（因為介面內的預設存取是公用），會接收整數的可變長度引數。每一個 default 實作都會被委派給 add 方法，該方法也會接收一個 IntPredicate 引數。讓 add 成為私用之後，它就無法被任何使用方存取，即使是實作這個介面的類別。

範例 10-9 展示這個方法的用法。

範例 10-9. 測試私用介面方法

```
class PrivateDemo implements SumNumbers {}                    ❶

import org.junit.Test;
import static org.junit.Assert.*;

public class SumNumbersTest {
    private SumNumbers demo = new PrivateDemo();

    @Test
    public void addEvens() throws Exception {
        assertEquals(2 + 4 + 6, demo.addEvens(1, 2, 3, 4, 5, 6)); ❷
    }

    @Test
    public void addOdds() throws Exception {
        assertEquals(1 + 3 + 5, demo.addOdds(1, 2, 3, 4, 5, 6));  ❸
    }
}
```

❶ 實作介面的類別

❷ 呼叫被委派給私用方法的公用方法

你只能將類別實例化，所以會建立一個稱為 PrivateDemo 的實作 SumNumbers 介面之空類別。那個類別會被實例化，而且它的公用介面方法可供呼叫。

10.3 建立不可變集合

問題

你想要在 Java 9 建立不可變串列、集合或 map。

解決方案

使用 Java 9 提供的靜態工廠方法 `List.of`、`Set.of` 與 `Map.of`。

說明

Java 9 的 Javadocs 提到，`List.of()` 靜態工廠方法提供一種方便的方式來建立不可變串列。這些方法建立的 `List` 實例有以下的特點：

- 它們在結構上是不可變的，你不能加入、移除或替換元素。呼叫任何存值方法，都只會造成 `UnsupportedOperationException` 的丟出。但是，如果它們裡面的元素本身是可變的，可能會讓 List 的內容看起來改變了。
- 它們不允許 null 元素。試著使用 null 元素來建立它們會產生 `NullPointerException`。
- 如果所有元素都是可序列化的，它就可序列化。
- 串列內的元素順序與所提供的引數順序一樣，或與所提供的陣列內的元素順序一樣。
- 它們的序列化方式與 Serialized Form 網頁說明的相同。

範例 10-10 是 `List` 的 `of` 方法可用之多載。

範例 10-10. 建立不可變串列的靜態工廠方法

```
static <E> List<E>     of()
static <E> List<E>     of(E e1)
static <E> List<E>     of(E e1, E e2)
static <E> List<E>     of(E e1, E e2, E e3)
static <E> List<E>     of(E e1, E e2, E e3, E e4)
static <E> List<E>     of(E e1, E e2, E e3, E e4, E e5)
static <E> List<E>     of(E e1, E e2, E e3, E e4, E e5, E e6)
static <E> List<E>     of(E e1, E e2, E e3, E e4, E e5, E e6, E e7)
static <E> List<E>     of(E e1, E e2, E e3, E e4, E e5, E e6, E e7, E e8)
```

```
static <E> List<E>     of(E e1, E e2, E e3, E e4, E e5, E e6, E e7, E e8, E e9)
static <E> List<E>     of(E e1, E e2, E e3, E e4, E e5, E e6, E e7, E e8, E e9,
    E e10)
static <E> List<E>     of(E... elements)
```

文件提到，產生的串列在**結構上**是不可變的，所以你不能對 `List` 呼叫任何一般的存值方法：`add`、`addAll`、`clear`、`remove`、`removeAll`、`replaceAll` 與 `set` 都會丟出 `UnsupportedOperationException`。範例 10-11 是一些測試案例[5]。

範例 10-11. 展示不可變性

```
@Test(expected = UnsupportedOperationException.class)
public void showImmutabilityAdd() throws Exception {
    List<Integer> intList = List.of(1, 2, 3);
    intList.add(99);
}

@Test(expected = UnsupportedOperationException.class)
public void showImmutabilityClear() throws Exception {
    List<Integer> intList = List.of(1, 2, 3);
    intList.clear();
}

@Test(expected = UnsupportedOperationException.class)
public void showImmutabilityRemove() throws Exception {
    List<Integer> intList = List.of(1, 2, 3);
    intList.remove(0);
}

@Test(expected = UnsupportedOperationException.class)
public void showImmutabilityReplace() throws Exception {
    List<Integer> intList = List.of(1, 2, 3);
    intList.replaceAll(n -> -n);
}

@Test(expected = UnsupportedOperationException.class)
public void showImmutabilitySet() throws Exception {
    List<Integer> intList = List.of(1, 2, 3);
    intList.set(0, 99);
}
```

但是，如果串列內的物件本身是可變的，則串列可能會看起來可變。假設你用一個簡單的類別來保存可變值，見範例 10-12。

5　你可在本書的原始程式找到完整的測試集合。

範例 10-12. 保存可變值的簡單類別

```
public class Holder {
    private int x;

    public Holder(int x) { this.x = x; }

    public void setX(int x) {
        this.x = x;
    }

    public int getX() {
        return x;
    }
}
```

如果你建立一個 holder 的不可變串列，但 holder 內的值可以改變，這會讓串列看起來可改變，見範例 10-13。

範例 10-13. 改變被包裝的整數

```
@Test
public void areWeImmutableOrArentWe() throws Exception {
    List<Holder> holders = List.of(new Holder(1), new Holder(2));   ❶
    assertEquals(1, holders.get(0).getX());

    holders.get(0).setX(4);                                           ❷
    assertEquals(4, holders.get(0).getX());
}
```

❶ 不可變的 `Holder` 實例串列

❷ 改變 `Holder` 內的值

雖然這是可行的，但它違反規定的精神，雖然表面上沒有違反。換句話說，如果你想要製作一個不可變串列，就應該試著讓它存放不可變的物件。

對於集合（同樣來自 Javadocs）：

- 它會在建構階段拒絕重複的元素。將重複的元素傳給靜態工廠方法會導致 `IllegalArgumentException`。
- 集合元素的迭代順序是不固定的，可能會改變。

所有的 of 方法都與對應的 List 方法有相同的簽章，唯一的差別是它們會回傳 Set<E>。

Map 也一樣，但 of 的簽章會接收交替的鍵與值引數，見範例 10-14。

範例 10-14. 建立不可變 map 的靜態工廠方法

```
static <K,V> Map<K,V>   of()
static <K,V> Map<K,V>   of(K k1, V v1)
static <K,V> Map<K,V>   of(K k1, V v1, K k2, V v2)
static <K,V> Map<K,V>   of(K k1, V v1, K k2, V v2, K k3, V v3)
static <K,V> Map<K,V>   of(K k1, V v1, K k2, V v2, K k3, V v3,
    K k4, V v4)
static <K,V> Map<K,V>   of(K k1, V v1, K k2, V v2, K k3, V v3,
    K k4, V v4, K k5, V v5)
static <K,V> Map<K,V>   of(K k1, V v1, K k2, V v2, K k3, V v3,
    K k4, V v4, K k5, V v5, K k6, V v6)
static <K,V> Map<K,V>   of(K k1, V v1, K k2, V v2, K k3, V v3,
    K k4, V v4, K k5, V v5, K k6, V v6, K k7, V v7)
static <K,V> Map<K,V>   of(K k1, V v1, K k2, V v2, K k3, V v3,
    K k4, V v4, K k5, V v5, K k6, V v6, K k7, V v7, K k8, V v8)
static <K,V> Map<K,V>   of(K k1, V v1, K k2, V v2, K k3, V v3,
    K k4, V v4, K k5, V v5, K k6, V v6, K k7, V v7, K k8, V v8,
    K k9, V v9)
static <K,V> Map<K,V>   of(K k1, V v1, K k2, V v2, K k3, V v3,
    K k4, V v4, K k5, V v5, K k6, V v6, K k7, V v7, K k8, V v8,
    K k9, V v9, K k10, V v10)
static <K,V> Map<K,V>   ofEntries(Map.Entry<? extends K,? extends V>... entries)
```

要建立多達 10 個項目的 map，你可以使用相關的 of 方法來交替傳遞鍵與值。這很不方便，所以介面也提供 ofEntries 方法與靜態的 entry 方法來建立它們：

```
static <K,V> Map<K,V> ofEntries(Map.Entry<? extends K,? extends V>... entries)
static <K,V> Map.Entry<K,V>     entry(K k, V v)
```

範例 10-15 的程式展示如何使用這些方法來建立一個不可變的 map。

範例 10-15. 以項目來建立不可變 map

```
@Test
public void immutableMapFromEntries() throws Exception {
    Map<String, String> jvmLanguages = Map.ofEntries(        ❶
        Map.entry("Java", "http://www.oracle.com/technetwork/java/index.html"),
        Map.entry("Groovy", "http://groovy-lang.org/"),
        Map.entry("Scala", "http://www.scala-lang.org/"),
        Map.entry("Clojure", "https://clojure.org/"),
        Map.entry("Kotlin", "http://kotlinlang.org/"));
```

```
    Set<String> names = Set.of("Java", "Scala", "Groovy", "Clojure", "Kotlin");
    List<String> urls = List.of("http://www.oracle.com/technetwork/java/index.html",
            "http://groovy-lang.org/",
            "http://www.scala-lang.org/",
            "https://clojure.org/",
            "http://kotlinlang.org/");

    Set<String> keys = jvmLanguages.keySet();
    Collection<String> values = jvmLanguages.values();

    names.forEach(name -> assertTrue(keys.contains(name)));
    urls.forEach(url -> assertTrue(values.contains(url)));

    Map<String, String> javaMap = Map.of("Java",    ❷
            "http://www.oracle.com/technetwork/java/index.html",
            "Groovy",
            "http://groovy-lang.org/",
            "Scala",
            "http://www.scala-lang.org/",
            "Clojure",
            "https://clojure.org/",
            "Kotlin",
            "http://kotlinlang.org/");
    javaMap.forEach((name, url) -> assertTrue(
            jvmLanguages.keySet().contains(name) && \
              jvmLanguages.values().contains(url)));
}
```

❶ 使用 `Map.ofEntries`

❷ 使用 `Map.of`

`ofEntries` 與 `entry` 方法的組合是很棒的簡化方式。

參見

訣竅 4.8 討論如何使用 Java 8 與之前的版本來建立不可變集合。

10.4 串流：ofNullable、iterate、takeWhile 與 dropWhile

問題

你想要使用 Java 9 為串流新增的功能。

解決方案

使用 `Stream` 的新方法 `ofNullable`、`iterate`、`takeWhile` 與 `dropWhile`。

說明

Java 9 的 `Stream` 介面加入一些新的方法。這個訣竅將會展示如何使用 `ofNullable`、`iterate`、`takeWhile` 與 `dropWhile`。

ofNullable 方法

在 Java 8，`Stream` 介面有個多載的靜態工廠方法稱為 `of`，它會接收一個值或一個可變長度引數串列。無論哪一種方式，你都不能使用 null 引數。

在 Java 9，`ofNullable` 方法可讓你建立一個單元素串流來包裝一個非 null 值，或如果值是 null，則建立一個空串流。詳情請見範例 10-16 的測試案例。

範例 10-16. 使用 Stream.ofNullable(arg)

```
@Test
public void ofNullable() throws Exception {
    Stream<String> stream = Stream.ofNullable("abc");   ❶
    assertEquals(1, stream.count());

    stream = Stream.ofNullable(null);                  ❷
    assertEquals(0, stream.count());
}
```

❶ 有一個元素的串流

❷ 回傳 `Stream.empty()`

count 方法會回傳串流內非空元素的數量。現在你可以對任何引數使用 ofNullable 方法，而不需要先檢查它是不是 null。

使用 Predicate 來迭代

下一個有趣的方法是 iterate 的新多載。Java 8 的 iterate 方法的簽章是：

```
static<T> Stream<T> iterate(final T seed, final UnaryOperator<T> f)
```

所以你要用一個元素（種子）來開始建立串流，後續的元素會藉由套用一元運算子來依次產生。它會產生一個無限串流，所以當你使用它時，通常會使用 limit 或其他的短路函式，例如 findFirst 或 findAny。

iterate 的多載新版本會接收第二個引數 Predicate：

```
static<T> Stream<T> iterate(T seed, Predicate<? super T> hasNext,
    UnaryOperator<T> next)
```

值的產生是從種子開始，接著只要值滿足 hasNext 條件敘述，就會執行一元運算子。

我們以範例 10-17 為例。

範例 10-17. 使用 Predicate 來迭代

```
@Test
public void iterate() throws Exception {
    List<BigDecimal> bigDecimals =                    ❶
            Stream.iterate(BigDecimal.ZERO, bd -> bd.add(BigDecimal.ONE))
            .limit(10)
            .collect(Collectors.toList());

    assertEquals(10, bigDecimals.size());

    bigDecimals = Stream.iterate(BigDecimal.ZERO, ❷
            bd -> bd.longValue() < 10L,
            bd -> bd.add(BigDecimal.ONE))
            .collect(Collectors.toList());

    assertEquals(10, bigDecimals.size());
}
```

❶ Java 8 建立大小數（ big decimal）的方式

❷ Java 9 的方式

第一個串流是 Java 8 同時使用 iterate 與 limit 的做法。第二個串流是使用 Predicate 作為第二個引數。它的結果看起來像個傳統的 for 迴圈。

takeWhile 與 dropWhile

新方法 takeWhile 與 dropWhile 可讓你根據一個條件敘述來取得部分的串流。根據 Javadocs，對一個有序的串流執行 takeWhile，它會回傳“這個串流內，匹配指定條件敘述的最長前端（longest prefix）元素”，從串流的開頭開始。

dropWhile 方法做相反的事情，它會移除滿足條件敘述的最長前端元素之後，回傳串流其餘的元素。

範例 10-18 的程式展示它們處理有序串流的情形。

範例 10-18. 從串流取得與移除元素

```
@Test
public void takeWhile() throws Exception {
    List<String> strings = Stream.of("this is a list of strings".split(" "))
            .takeWhile(s -> !s.equals("of"))        ❶
            .collect(Collectors.toList());
    List<String> correct = Arrays.asList("this", "is", "a", "list");
    assertEquals(correct, strings);
}

@Test
public void dropWhile() throws Exception {
    List<String> strings = Stream.of("this is a list of strings".split(" "))
            .dropWhile(s -> !s.equals("of"))        ❷
            .collect(Collectors.toList());
    List<String> correct = Arrays.asList("of", "strings");
    assertEquals(correct, strings);
}
```

❶ 回傳直到條件敘述失敗為止的串流

❷ 回傳條件敘述失敗之後的串流

每一個方法都會在同一個地方分割串流，但 takeWhile 會回傳分割之前元素，而 dropWhile 會回傳之後的。

takeWhile 真正的好處在於它是一種短路操作。如果你需要大型的已排序元素集合，可以在滿足你在乎的條件之後停止計算。

例如，假設你從使用端取得一個訂單的集合，並且以價值來降冪排序。若使用 takeWhile，你可以只取得超過某個門檻的訂單，而不需要將篩選器套用在每一個元素上。

範例 10-19 的程式藉由生成 50 個介於 0 與 100 之間的隨機整數來模擬這個情形，它會將它們降冪排序，並且只回傳值大於 70 的數字。

範例 10-19. 取得大於 70 的值

```
Random random = new Random();
List<Integer> nums = random.ints(50, 0, 100)  ❶
        .boxed()                              ❷
        .sorted(Comparator.reverseOrder())
        .takeWhile(n -> n > 90)               ❸
        .collect(Collectors.toList());
```

❶ 產生 50 個介於 0 與 100 之間的隨機整數

❷ box 它們，以讓它們可用 Comparator 來排序與收集

❸ 分割串流，並回傳大於 70 的值

範例 10-20 這個改用 dropWhile 的範例或許比較直觀（但不一定更有效率）。

範例 10-20. 對整數串流使用 dropWhile

```
Random random = new Random();
List<Integer> nums = random.ints(50, 0, 100)
        .sorted()                ❶
        .dropWhile(n -> n < 90)  ❷
        .boxed()
        .collect(Collectors.toList());
```

❶ 以升冪排序

❷ 在最後一個小於 90 的值之後分割

takeWhile 與 dropWhile 這種方法在其他的語言中已存在多年了，我們終於也可以在 Java 9 中使用它們了。

10.5 下游收集器：filtering 與 flatMapping

問題

你想要在下游收集器中篩選元素，或將生成集合的集合壓平。

解決方案

Java 9 在 Collectors 加入 filtering 與 flatMapping 方法供你在這些情況下使用。

說明

Java 8 在 Collectors 加入 groupingBy 操作，讓你可以用特定的特性將物件分群。分群操作會產生一個對應一串值的鍵 map。Java 8 也可讓你使用**下游收集器**來後續處理串列，以取得它們的大小、將它們對應到別處等工作，而不需要產生串列。

Java 9 加入兩個新的下游收集器：filtering 與 flatMapping。

篩選方法

假設你有個稱為 Task 的類別，它有一些代表預算的屬性與一個開發者串列，它是用 Developer 類別的實例來表示的。範例 10-21 展示出這兩個類別。

範例 10-21. 工作與開發者

```
public class Task {
    private String name;
    private long budget;
    private List<Developer> developers = new ArrayList<>();

    // ... 建構式、getters 與 setters 等等 ...
}

public class Developer {
    private String name;

    // ... 建構式、getters 與 setters 等等 ...
}
```

首先，假設你想要依照預算來將工作分群。範例 10-22 是簡單的 Collectors.groupingBy 操作。

範例 10-22. 以預算來將工作分群

```
Developer venkat = new Developer("Venkat");
Developer daniel = new Developer("Daniel");
Developer brian = new Developer("Brian");
Developer matt = new Developer("Matt");
Developer nate = new Developer("Nate");
Developer craig = new Developer("Craig");
Developer ken = new Developer("Ken");

Task java = new Task("Java stuff", 100);
Task altJvm = new Task("Groovy/Kotlin/Scala/Clojure", 50);
Task javaScript = new Task("JavaScript (sorry)", 100);
Task spring = new Task("Spring", 50);
Task jpa = new Task("JPA/Hibernate", 20);

java.addDevelopers(venkat, daniel, brian, ken);
javaScript.addDevelopers(venkat, nate);
spring.addDevelopers(craig, matt, nate, ken);
altJvm.addDevelopers(venkat, daniel, ken);

List<Task> tasks = Arrays.asList(java, altJvm, javaScript, spring, jpa);

Map<Long, List<Task>> taskMap = tasks.stream()
        .collect(groupingBy(Task::getBudget));
```

在 Map 內的結果是準備各個預算的工作串列：

```
 50: [Groovy/Kotlin/Scala/Clojure, Spring]
 20: [JPA/Hibernate]
100: [Java stuff, JavaScript (sorry)]
```

現在，如果你只希望取得預算超過某個門檻的工作，可以加入一個 filter 操作，見範例 10-23。

範例 10-23. 使用篩選器來分群

```
taskMap = tasks.stream()
        .filter(task -> task.getBudget() >= THRESHOLD)
        .collect(groupingBy(Task::getBudget));
```

門檻為 50 的輸出是：

```
 50: [Groovy/Kotlin/Scala/Clojure, Spring]
100: [Java stuff, JavaScript (sorry)]
```

預算低於這個門檻的工作完全不會出現在輸出 map 中。如果你無論如何都想要看到它們，現在有一種替代方案可用。在 Java 9，`Collectors` 類別有個額外的靜態方法稱為 `filtering`，它類似 `filter`，但要應用在工作的下游串列。範例 10-24 展示它的用法。

範例 10-24. 使用下游篩選器來分群

```
taskMap = tasks.stream()
    .collect(groupingBy(Task::getBudget,
        filtering(task -> task.getBudget() >= 50, toList())));
```

現在所有的預算值都會被顯示為鍵，但預算低於門檻的工作不會出現在列出的值中：

```
 50: [Groovy/Kotlin/Scala/Clojure, Spring]
 20: []
100: [Java stuff, JavaScript (sorry)]
```

因此，`filtering` 操作是個下游收集器，它處理的是分群操作產生的串列。

flatMapping 方法

這一次，假設你想要取得每一項工作的開發者串列。基本的分群操作會為工作串列產生一組工作名稱，見範例 10-25。

範例 10-25. 以名稱來將工作分群

```
Map<String, List<Task>> tasksByName = tasks.stream()
        .collect(groupingBy(Task::getName));
```

（格式化後的）輸出為：

```
                 Java stuff: [Java stuff]
Groovy/Kotlin/Scala/Clojure: [Groovy/Kotlin/Scala/Clojure]
         JavaScript (sorry): [JavaScript (sorry)]
                     Spring: [Spring]
              JPA/Hibenate: [JPA/Hibernate]
```

要取得相關的開發者串列，你可以使用 `mappingBy` 下游收集器，見範例 10-26。

範例 10-26. 每項工作的開發者串列

```
Map<String, Set<List<Developer>>> map = tasks.stream()
        .collect(groupingBy(Task::getName,
              Collectors.mapping(Task::getDevelopers, toSet())));
```

從回傳型態可看出，問題出在它回傳的是一個 `Set<List<Developer>>`。這裡需要一個下游的 `flatMap` 操作來壓平集合的集合。現在我們可以用 `Collectors` 的 `flatMapping` 方法來做這件事，見範例 10-27。

範例 10-27. 使用 flatMapping 來只取得一組開發者

```
Map<String, Set<Developer>> task2setdevs = tasks.stream()
        .collect(groupingBy(Task::getName,
                 Collectors.flatMapping(task -> task.getDevelopers().stream(),
                 toSet())));
```

現在你可以取得期望的結果：

```
                 Java stuff: [Daniel, Brian, Ken, Venkat]
    Groovy/Kotlin/Scala/Clojure: [Daniel, Ken, Venkat]
             JavaScript (sorry): [Nate, Venkat]
                        Spring: [Craig, Ken, Matt, Nate]
                 JPA/Hibernate: []
```

`flatMapping` 方法如同 `Stream` 的 `flatMap` 方法。請注意，第一個引數 `flatMapping` 必須是個串流，它可以是空的，或不依賴資源。

參見

訣竅 4.6 討論下游收集器。訣竅 3.11 討論 `flatMap` 操作。

10.6 Optional：stream、or、ifPresentOrElse

問題

你想要將 `Optional` 壓平成內含元素的串流，或想要從一些可能性中選擇，或想要在某個元素存在時做某件事、不存在時回傳預設值。

解決方案

使用 Optional 的新方法 stream、or 或 ifPresentOrElse。

說明

Java 8 加入的 Optional 類別提供一種方式來指示使用者“回傳值可能是合理的 null”，但它不會回傳 null，而是空的 Optional。這讓 Optional 成為一種很好的包裝器，可供可能回傳值，也可能不回傳值的方法使用。

stream 方法

探討有個尋找方法會以 ID 來尋找顧客，見範例 10-28。

範例 10-28. 以 ID 來尋找顧客

```
public Optional<Customer> findById(int id) {
    return Optional.ofNullable(map.get(id));
}
```

這個方法假設顧客會被放在記憶體的 Map 裡面。如果鍵存在，Map 的 get 方法會回傳一個值，否則 null，因此 Optional.ofNullable 的引數會在 Optional 包裝一個非 null 值，或回傳一個空的 Optional。

因為 Optional.of 會在它的引數是 null 時丟出一個例外，所以 Optional.ofNullable(arg) 是一種方便的短路。它的實作是 arg != null ? Optional.of(arg) : Optional.empty()。

因為 findById 會回傳一個 Optional<Customer>，所以我們比較難以回傳顧客的集合。在 Java 8，你可以編寫範例 10-29 的程式。

範例 10-29. 對 Optional 使用 filter 與 Map

```
public Collection<Customer> findAllById(Integer... ids) {
    return Arrays.stream(ids)
            .map(this::findById)            ❶
            .filter(Optional::isPresent)    ❷
```

```
            .map(Optional::get)              ❸
            .collect(Collectors.toList());
}
```

❶ 對應至 `Stream<Optional<Customer>>`

❷ 濾除任何空的 `Optional`

❸ 呼叫 `get`，所以對應至 `Stream<Customer>`

這並不十分困難，但 Java 9 在 `Optional` 加入 `stream` 方法讓這個程序更簡單，它的簽章是：

```
Stream<T> stream()
```

如果值存在，這個方法會回傳一個循序、單元素的串流，裡面只有那個值。否則它會回傳一個空串流。這個方法代表你可將一個 optional 顧客串流直接轉換成顧客串流，見範例 10-30。

範例 10-30. 對 Optional.stream 使用 flatMap

```
public Collection<Customer> findAllById(Integer... ids) {
    return Arrays.stream(ids)
        .map(this::findById)        ❶
        .flatMap(Optional::stream)  ❷
        .collect(Collectors.toList());
}
```

❶ 對應至 `Stream<Optional<Customer>>`

❷ 壓平對應至 `Stream<Customer>`

這是一種方便的方法，也很實用。

or 方法

`orElse` 方法的用途是從 `Optional` 取出值。它會以引數接收 default：

```
Customer customer = findById(id).orElse(Customer.DEFAULT)
```

此外也有一種 `orElseGet` 方法可使用 `Supplier` 建立 default，可在做這種高成本的操作時使用：

```
Customer customer = findById(id).orElseGet(() -> createDefaultCustomer())
```

它們兩者都會回傳 Customer 實例。Java 9 在 Optional 加入的 or 方法可讓你改成回傳 Optional<Customer>，取決於它們的 Supplier；因此你可以連結各種方式來尋找顧客。

or 方法的簽章是：

```
Optional<T> or(Supplier<? extends Optional<? extends T>> supplier)
```

如果值存在，這個方法會回傳一個描述它的 Optional。否則會呼叫 Supplier，並回傳它回傳的 Optional。

因此，如果我們有多種尋找顧客的方式，可以編寫範例 10-31 的程式。

範例 10-31. 使用 or 方法來嘗試替代方案

```
public Optional<Customer> findById(int id) {
    return findByIdLocal(id)
            .or(() -> findByIdRemote(id))
            .or(() -> Optional.of(Customer.DEFAULT));
```

這個方法會在本地快取尋找顧客，再造訪遠端伺服器。如果它們都無法找到非空的 Optional，最後的子句會建立一個 default，將它包在一個 Optional 內，並改成回傳它。

ifPresentOrElse 方法

Optional 的 ifPresent 方法會在 Optional 不是空的時執行 Consumer，見範例 10-32。

範例 10-32. 使用 ifPresent 來只印出非空的顧客

```
public void printCustomer(Integer id) {
    findByIdLocal(id).ifPresent(System.out::println);   ❶
}

public void printCustomers(Integer... ids) {
    Arrays.asList(ids)
            .forEach(this::printCustomer);
}
```

❶ 只印出非空的 Optional

這是可行的，但你可能想要在回傳的 Optional 為空時執行其他的東西。新方法 ifPresentOrElse 可接收第二個引數 Runnable，在 Optional 為空時執行。它的簽章是：

```
void ifPresentOrElse(Consumer<? super T> action, Runnable emptyAction)
```

要使用它，你只要提供一個不接收引數的 lambda，並回傳 void 即可，見範例 10-33。

範例 10-33. 印出顧客或預設的訊息

```
public void printCustomer(Integer id) {
    findByIdLocal(id).ifPresentOrElse(System.out::println,
            () -> System.out.println("Customer with id=" + id + " not found"));
}
```

這個版本會在找到顧客時印出它，否則印出預設訊息。

這些 `Optional` 的新增功能都不會改變它的任何基本行為，不過它們提供方便的方式，可在必要時使用。

參見

第六章的訣竅討論 Java 8 的 `Optional` 類別。

10.7 日期範圍

問題

你想要取得介於兩天之間的日期串流。

解決方案

使用 Java 9 在 `LocalDate` 類別新增的 `datesUntil` 方法。

說明

Java 8 新增的 Date-Time API 對於 `java.util` 的 `Date`、`Calendar` 與 `TimeStamp` 類別而言是很大的改善，但 Java 9 加入了一種可處理 API 中一種麻煩問題的功能：我們無法用簡單的方式建立日期串流。

在 Java 8，建立日期串流最簡單的方式是從初始日期開始加上一個偏移值。例如，如果你想要取得相距一個星期中兩天之間的所有日期，可編寫範例 10-34 的程式。

範例 10-34. 兩天之間的日期（警告：BUG！）

```
public List<LocalDate> getDays_java8(LocalDate start, LocalDate end) {
    Period period = start.until(end);
    return IntStream.range(0, period.getDays())  ❶
            .mapToObj(start:plusDays)
            .collect(Collectors.toList());
}
```

❶ 陷阱！見下一個範例。

這可以找出兩天之間的 Period，接著建立它們之間日期的 IntStream。看一下相距一個星期的日期結果：

```
LocalDate start = LocalDate.of(2017, Month.JUNE, 10);
LocalDate end = LocalDate.of(2017, Month.JUNE, 17);
System.out.println(dateRange.getDays_java8(start, end));

// [2017-06-10, 2017-06-11, 2017-06-12, 2017-06-13,
//  2017-06-14, 2017-06-15, 2017-06-16]
```

它看起來似乎沒問題，但其實有個陷阱。如果你將結束日期改成開始日期的一個月之後，問題就會浮現：

```
LocalDate start = LocalDate.of(2017, Month.JUNE, 10);
LocalDate end = LocalDate.of(2017, Month.JULY, 17);
System.out.println(dateRange.getDays_java8(start, end));


// []
```

它不會回傳值。問題出在，Period 的 getDays 會回傳一段期間的日欄位（days field），而不是總天數。（getMonths、getYears 等方法也一樣。）所以如果日是相同的，雖然月份不同，最後的結果也是大小為零的範圍。

要處理這種問題，正確的方式是使用 ChronoUnit enum，它實作了 TemporalUnit 介面，並定義 DAYS、MONTHS 等等的常數。範例 10-35 是在 Java 8 中的正確做法。

範例 10-35. 兩天之間的日期

```
public List<LocalDate> getDays_java8(LocalDate start, LocalDate end) {
    Period period = start.until(end);
    return LongStream.range(0, ChronoUnit.DAYS.between(start, end))  ❶
            .mapToObj(start:plusDays)
            .collect(Collectors.toList());
}
```

❶ 正常

你也可以使用 iterate 方法，但使用它時，必須知道天數，見範例 10-36。

範例 10-36. 迭代 LocalDate

```
public List<LocalDate> getDaysByIterate(LocalDate start, int days) {
    return Stream.iterate(start, date -> date.plusDays(1))
            .limit(days)
            .collect(Collectors.toList());
}
```

幸運的是，Java 9 讓它們簡單多了。現在 LocalDate 類別有個稱為 datesUntil 的方法，它有一個多載會接收 Period。它的簽章是：

```
Stream<LocalDate> datesUntil(LocalDate endExclusive)
Stream<LocalDate> datesUntil(LocalDate endExclusive, Period step)
```

沒有 Period 的版本其實會呼叫在第二個引數傳入一天的多載版本。

Java 9 處理上述問題的方式簡單很多，見範例 10-37。

範例 10-37. Java 9 的日期範圍

```
public List<LocalDate> getDays_java9(LocalDate start, LocalDate end) {
    return start.datesUntil(end)                        ❶
            .collect(Collectors.toList());
}

public List<LocalDate> getMonths_java9(LocalDate start, LocalDate end) {
    return start.datesUntil(end, Period.ofMonths(1))  ❷
            .collect(Collectors.toList());
}
```

❶ 假設 Period.ofDays(1)

❷ 計算月份

datesUntil 方法會產生一個 Stream，你可以用所有一般的串流處理技術來處理它。

參見

訣竅 8.8 討論在 Java 8 計算兩天之間的日期。

附錄 A

泛型與 Java 8

背景

泛型功能早在 J2SE 1.5 就被加入 Java，但是多數的 Java 開發者都只學到完成工作所需的皮毛。隨著 Java 8 的到來，Javadocs 突然充斥著以下這種方法簽章，它來自 java.util.Map.Entry：

```
static <K extends Comparable<? super K>,V> Comparator<Map.Entry<K,V>>
    comparingByKey()
```

或這個來自 java.util.Comparator 的簽章：

```
static <T,U extends Comparable<? super U>> Comparator<T> comparing(
    Function<? super T,? extends U> keyExtractor)
```

甚至這個來自 java.util.stream.Collectors 的怪物：

```
static <T,K,D,A,M extends Map<K, D>> Collector<T,?,M> groupingBy(
    Function<? super T,? extends K> classifier, Supplier<M> mapFactory,
    Collector<? super T,A,D> downstream)
```

只瞭解皮毛已經不夠了。這個附錄的目的，是為了協助你將簡單的簽章拆解成可以瞭解的各個部分，讓你有效地使用 API。

大家都知道的事情

當你想要使用 List 或 Set 這類的集合時，會將內容元素的類別名稱放在角括號內宣告它的型態：

```
List<String> strings = new ArrayList<String>();
Set<Employee> employees = new HashSet<Employee>();
```

Java 7 使用比較簡單的語法，採取接下來的程式中使用的鑽石運算子。因為左邊的參考已經宣告集合以及它的內容元素的型態，例如 List<String> 或 List<Integer>，所以我們不需要在同一行做實例化。你只要寫成 new ArrayList<>() 即可，不需要將型態放入角括號內。

宣告集合的資料型態可達成兩個目的：

- 你不會不小心將錯誤的型態放入集合
- 你不需要將取出的值轉換成適當的型態

例如，當你宣告以下的 strings 變數之後，就只能將 String 實例加入集合，而且當你取回項目時，會自動得到 String，見範例 A-1。

範例 A-1. 簡單示範泛型

```
List<String> strings = new ArrayList<>();
strings.add("Hello");
strings.add("World");
// strings.add(new Date());        ❶
// Integer i = strings.get(0);     ❷

for (String s : strings) {
    System.out.printf("%s has length %d%n", s, s.length());
}
```

❶ 無法編譯

❷ for-each 迴圈知道內含的資料型態是 String

可在插入的過程中安全地套用型態很方便，但開發者不太可能犯錯。不過，可在取回元素時處理正確的型態，而不需要先做轉換，能節省許多程式[1]。

所有的 Java 開發者都知道的另一件事情就是：你不能在泛型集合中加入基本型態。也就是說，你不能定義 `List<int>` 或 `List<double>`[2]。幸運的是，加入泛型的同一版 Java 也在語言中加入自動裝箱（auto-boxing）與拆箱（unboxing）。因此，當你想要在泛型型態中儲存基本型態時，可使用包裝類別來宣告型態。見範例 A-2。

範例 A-2. 在泛型集合中使用基本型態

```
List<Integer> ints = new ArrayList<>();
ints.add(3); ints.add(1); ints.add(4);
ints.add(1); ints.add(9); ints.add(2);
System.out.println(ints);

for (int i : ints) {
    System.out.println(i);
}
```

你只要在插入時謹慎地將 `int` 值包在 `Integer` 實例裡面，並在取回時，從 `Integer` 實例取出它們即可。雖然你可能需要在裝箱與拆箱時考慮效率問題，但這種程式很容易編寫。

還有一種關於泛型的知識是所有 Java 開發者都知道的。在 Javadocs 中，使用泛型的類別會將括號內的型態寫成大寫字母。例如，文件中的 `List` 介面是：

```
public interface List<E> extends Collection<E>
```

在這裡，`E` 是型態參數。介面內的方法會使用同一個參數。範例 A-3 是這些方法的案例。

範例 A-3. 在 List 介面中宣告的方法

```
boolean add(E e)                              ❶
boolean addAll(Collection<? extends E> c)     ❷
void    clear()                               ❸
boolean contains(Object o)                    ❸
boolean containsAll(Collection<?> c)          ❹
E       get(int index)                        ❶
```

1 我在職涯中，從未不小心將錯誤的型態加入串列。不過，雖然這種語法很醜陋，但它可以排除過程中的型態轉換。

2 Java 10，即 Project Valhalla，已經提議在集合中加入基本型態。

❶ 使用型態參數 E 作為引數或回傳型態

❷ 有界萬用字元

❸ 不涉及型態本身的方法

❹ 未知型態

有些方法使用介面宣告的泛型型態 E 作為引數或回傳型態，有些完全不使用這個型態（具體而言，clear 與 contains）。其他的方法會涉及某種萬用字元 —— 使用問號。

說明一下語法，在非泛型的類別中宣告泛型方法也是合法的。此時，會有一或多個泛型參數被宣告為方法簽章的一部分。例如，以下是工具類別 java.util.Collections 的一些靜態方法：

```
static <T>   List<T>   emptyList()
static <K,V> Map<K,V>  emptyMap()
static <T>   boolean   addAll(Collection<? super T> c, T... elements)
static <T extends Object & Comparable<? super T>>
    T min(Collection<? extends T> coll)
```

其中的三個方法宣告一個泛型參數，稱為 T。emptyList 方法使用它來指定 List 儲存的型態。emptyMap 方法使用 K 與 V 來代表泛型 map 內的鍵與值的型態。

addAll 方法宣告了泛型型態 T，但接著使用 Collection<? super T> 作為方法的第一個引數，以及 T 型態的可變長度引數串列。? super T 語法是有界萬用字元，它是下一節的主題。

min 方法展示泛型型態可保障安全，但也會讓文件更令人難以理解。之後的小節會更詳細地討論這個簽章，說明一下，T 代表 Object 的子類別並且實作 Comparable 介面，其 Comparable 是為 T 或它的任何前代定義的。這個方法的引數與 T 的 Collection，或它的任何後代有關。

有些人從萬用字元就開始不熟悉泛型的語法了。為了做好準備，考慮一個奇怪的案例：一個看起來像繼承，但其實完全不是繼承的情況。

有些開發者不瞭解的知識

許多開發者都會對 `ArrayList<String>` 與 `ArrayList<Object>` 沒有任何實際關係這件事感到驚訝。你可以在 `Object` 集合中加入 `Object` 的子類別，見範例 A-4。

範例 *A-4.* 使用 *List<Object>*

```
List<Object> objects = new ArrayList<Object>();
objects.add("Hello");
objects.add(LocalDate.now());
objects.add(3);
System.out.println(objects);
```

這沒問題。`String` 是 `Object` 的子類別，所以你可以將 `String` 指派給一個 `Object` 參考。你或許會認為，當你宣告一個字串串列之後，就可以在裡面加入物件。但事實並非如此。見範例 A-5。

範例 *A-5.* 在 *List<String>* 中使用物件

```
List<String> strings = new ArrayList<>();
String s = "abc";
Object o = s;                           ❶
// strings.add(o);                      ❷

// List<Object> moreObjects = strings; ❸
// moreObjects.add(new Date());
// String s = moreObjects.get(0);      ❹
```

❶ 允許

❷ 不允許

❸ 也不允許，但假裝它是允許的

❹ 損壞的集合

因為 `String` 是 `Object` 的子類別，你可以將 `String` 參考指派給 `Object` 參考。但是你不能將 `Object` 參考加入 `List<String>`，這是很奇怪的事情。問題在於，`List<String>` 不是 `List<Object>` 的子類別。在宣告型態時，你**只能**對它加入它宣告的型態實例，子或超類別實例是不被允許的。我們可以說，帶參數的型態是**不可變的**。

被改為註解的部分展示為何 `List<String>` 不是 `List<Object>` 的子類別。假設你可以將 `List<String>` 指派給 `List<Object>`。接著，使用物件參考組成的串列，你可以將不是字串的東西加入串列，當你試著使用原始的字串串列參考來取回它時，會造成轉換例外。編譯器知道的不會比你更多。

不過，這看起來很合理：當你定義一個數字串列時，應該可以將整數、浮點數與 double 加入它。為了繼續討論，我們需要談到萬用字元的型態邊界。

萬用字元與 PECS

萬用字元（wildcard）是使用問號（?）的型態引數，它可能有個上或下邊界，也可能沒有。

無界萬用字元

無界的型態引數是可用的，但有一些限制。當你宣告一個無界型態的 `List` 時，你可以讀取它，但不能對它寫入，如範例 A-6 所示。

範例 A-6. 使用無界萬用字元的 List

```
List<?> stuff = new ArrayList<>();
// stuff.add("abc");              ❶
// stuff.add(new Object());
// stuff.add(3);
int numElements = stuff.size(); ❷
```

❶ 不允許加入東西

❷ `numElements` 是零

這感覺相當無用，因為顯然你無法對它放入任何東西。它們的其中一種用途是，接收 `List<?>` 引數的方法都可接收任何串列（範例 A-7）。

範例 A-7. 作為方法引數的無界 List

```
private static void printList(List<?> list) {
    System.out.println(list);
}
```

```
public static void main(String[] args) {
    // ... 建立稱為 ints, strings, stuff 的串列 ...
    printList(ints);
    printList(strings);
    printList(stuff);
}
```

之前的範例曾經展示 List<E> 的 containsAll 方法：

```
boolean containsAll(Collection<?> c)
```

那個方法唯有在集合中的所有元素都出現在目前串列中時，才會回傳 true。因為引數使用無界萬用字元，實作被限制為：

- Collection 本身的方法，且不需要內含型態，或
- Object 的方法

就 containsAll 而言，這是很容易讓人理解的。參考實作的 abstract 實作（在 AbstractCollection 裡面）會使用 iterator 來遍歷引數，並呼叫 contains 方法來檢查它裡面的每一個元素是否也在原始串列中。iterator 與 contains 都被定義在 Collection 裡面，而 equals 來自 Object，contains 實作被委派給 Object 的 equals 與 hashCode 方法，它在內含型態中可能已被覆寫。就 containsAll 方法而言，它可以使用需要的所有方法，所以無界萬用字元的限制不會造成問題。

問號是界定型態的基礎，也是有趣的地方。

上邊界萬用字元

上邊界萬用字元使用 extends 關鍵字設定超類別限制。要定義一個允許你加入 int、long、double，甚至 BigDecimal 實例的數字串列，請參考範例 A-8。

即使上邊界是介面而非類別，你也應該使用關鍵字 extends，例如 List<? extends Comparable>。

範例 A-8. 有上邊界的 List

```
List<? extends Number> numbers = new ArrayList<>();
//        numbers.add(3);    ❶
//        numbers.add(3.14159);
//        numbers.add(new BigDecimal("3"));
```

❶ 仍然無法添加值

好吧，這在當時看起來是種好方法。不幸的是，雖然你可以用上邊界萬用字元來定義串列，但同樣無法對它加入元素。問題在於，當你取回值時，編譯器不知道它的型態是什麼，只知道它擴展了 Number。

不過，你可以定義一個接收 List<? extends Number> 引數的方法，接著使用不同型態的串列來呼叫方法。見範例 A-9。

範例 A-9. 使用上邊界

```
private static double sumList(List<? extends Number> list) {
    return list.stream()
               .mapToDouble(Number::doubleValue)
               .sum();
}

public static void main(String[] args) {
    List<Integer> ints = Arrays.asList(1, 2, 3, 4, 5);
    List<Double> doubles = Arrays.asList(1.0, 2.0, 3.0, 4.0, 5.0);
    List<BigDecimal> bigDecimals = Arrays.asList(
        new BigDecimal("1.0"),
        new BigDecimal("2.0"),
        new BigDecimal("3.0"),
        new BigDecimal("4.0"),
        new BigDecimal("5.0")
    );

    System.out.printf("ints sum is         %s%n", sumList(ints));
    System.out.printf("doubles sum is      %s%n", sumList(doubles));
    System.out.printf("big decimals sum is %s%n", sumList(bigDecimals));
}
```

請注意，使用 BigDecimal 實例對應的 double 值來總和它們，會失去原本使用大小數（big decimal）的好處，但只有基本串流 IntStream、LongStream 與 DoubleStream 擁有 sum 方法。不過，這說明一件事情：你可以使用 Number 的任何子型態組成的串列來呼叫這個方法。因為 Number 定義了 doubleValue 方法，所以程式可編譯與執行。

當你從具有上邊界的串列讀取元素時，絕對可以將結果指派給上邊界型態的參考，見範例 A-10。

範例 A-10. 從上邊界參考取值

```
private static double sumList(List<? extends Number> list) {
Number num = list.get(0);
// ... 與之前一樣 ...
}
```

當這個方法被呼叫時，串列內的元素將會是 Number 或它的其中一個後代，所以 Number 參考一定是正確的。

下邊界萬用字元

下邊界萬用字元代表你的類別的任何後代都是可被接受的。你可以使用 super 關鍵字與萬用字元來指定一個下邊界。就 List<? super Number> 的案例而言，參考可為 List<Number> 或 List<Object>。

我們使用上邊界指定的是變數必須符合的型態，來讓方法的實作可以工作。為了加總數字，我們必須確定變數有個 doubleValue 方法，它被定義在 Number 裡面。Number 的所有超類別也都有那個方法，或許是直接擁有，或許是透過覆寫。這就是我們指定輸入型態為 List<? extends Number> 的原因。

但是，在這裡，我們要從串列取出項目，並將它們加到不同的集合。目標集合可以是 List<Number>，也可以是 List<Object>，因為個別的 Object 參考可被指派給 Number。

接著我們用一個典型的範例來展示這個概念，它其實不是典型的 Java 8 程式，原因之後會討論，但它確實可說明這個概念。

接著探討有個稱為 numsUpTo 的方法，它接收兩個引數，一個是整數，一個是串列，來填入第一個引數之前的所有數字，見範例 A-11。

範例 A-11. 填寫指定串列的方法

```
public void numsUpTo(Integer num, List<? super Integer> output) {
    IntStream.rangeClosed(1, num)
            .forEach(output::add);
}
```

它不是 Java 8 典型程式的原因在於，它使用收到的串列作為輸出變數，這基本上是種副作用，所以無法成為典型。不過，藉由讓第二個引數的型態是 List<? super Integer>，你可以提供型態為 List<Integer>、List<Number>，甚至 List<Object> 的串列，如範例 A-12 所示。

範例 *A-12. 使用 numsUpTo 方法*

```
ArrayList<Integer> integerList = new ArrayList<>();
ArrayList<Number>  numberList = new ArrayList<>();
ArrayList<Object>  objectList = new ArrayList<>();

numsUpTo(5, integerList);
numsUpTo(5, numberList);
numsUpTo(5, objectList);
```

它們回傳的串列都含有數字 1 到 5。使用下邊界萬用字元代表我們知道串列將會保存整數，但我們可以使用任何超型態串列內的參考。

我們使用上邊界串列來擷取值並使用它們，然後使用下邊界串列來提供它們。這個組合有個傳統的名稱：PECS。

PECS

PECS 的個術語代表"Producer Extends, Consumer Super"，它是 Joshua Block 在他的書籍 *Effective Java* 內創造的奇特縮寫，但可幫助你記憶該怎麼做。它代表如果帶參數的型態代表生產者（producer），就使用 extends。如果它代表使用者（consumer），就使用 super。如果參數是兩者，就完全不要使用萬用字元，唯一滿足這兩種需求的型態，就是明確的型態本身。

這個建議可歸納為：

- 當你只想從資料結構**取出**值時，使用 extends
- 當你只想將值**放入**資料結構時，使用 super
- 當你想要做這兩件事情時，使用明確的型態

當我們談到關於術語的話題時，就會有用來說明這些概念的正式術語，通常它們會被用在 Scala 之類的語言中。

共變（*covariant*）這個術語代表保留型態從較具體到較籠統的順序。在 Java，陣列是共變的，因為 `String[]` 是 `Object[]` 的子型態。我們可以看到，Java 的集合不是共變的，除非我們使用 `extends` 關鍵字與萬用字元。

反變（*contravariant*）這個術語指的是另一個方向。在 Java，這代表我們使用 `super` 關鍵字與萬用字元。

不變（*invariant*）代表型態必須與指定的一樣。Java 中的所有帶參數的型態都是不變的，除非我們使用 `extends` 或 `super`，也就是說，如果某個方法期望收到 `List<Employee>`，你就必須提供它。提供 `List<Object>` 或 `List<Salaried>` 都不行。

PECS 規則是這種正式規則的另一種說法：型態建構式在輸入型態是反變的，在輸出型態是共變的。這個概念有時會被說成 "自由地接收，保守地生產。"

多邊界

在看 Java 8 API 的範例之前，有一個最後的注意事項。型態參數可以有多個邊界。當你定義邊界時，要用 & 符號來分隔它們：

```
T extends Runnable & AutoCloseable
```

你可以使用任意數量的介面邊界，但只能用一個類別。如果你用類別作為邊界，它必須是列舉中的第一個。

Java 8 API 的範例

知道這些事項之後，我們要來回顧 Java 8 文件中的一些範例。

Stream.max

在 `java.util.stream.Stream` 介面中，考慮 `max` 方法：

```
Optional<T> max(Comparator<? super T> comparator)
```

請注意在 Comparator 內使用的下邊界萬用字元。max 方法藉由收到的 Comparator 回傳串流的最大元素。它的回傳型態是 Optional<T>，因為如果串流是空的，就沒有回傳值。如果有最大值，則這個方法會將它包在 Optional，如果沒有；則回傳一個空的 Optional。

為了簡化，範例 A-13 展示一個 Employee POJO。

範例 *A-13.* 簡單的 *Employee POJO*

```
public class Employee {
    private int id;
    private String name;

    public Employee(int id, String name) {
        this.id = id;
        this.name = name;
    }

    // ... 其他方法 ...
}
```

範例 A-14 的程式會建立一個員工集合，將它們轉換成 Stream，接著使用 max 方法找出有最大 id 與最大 name（字母順序[3]）的員工。這個實作使用匿名內部類別強調 Comparator 的型態可以是 Employee 或 Object。

範例 *A-14.* 找出最大的 *Employee*

```
List<Employee> employees = Arrays.asList(
    new Employee(1, "Seth Curry"),
    new Employee(2, "Kevin Durant"),
    new Employee(3, "Draymond Green"),
    new Employee(4, "Klay Thompson"));

Employee maxId = employees.stream()
    .max(new Comparator<Employee>() {       ❶
        @Override
        public int compare(Employee e1, Employee e2) {
            return e1.getId() - e2.getId();
        }
    }).orElse(Employee.DEFAULT_EMPLOYEE);

Employee maxName = employees.stream()
    .max(new Comparator<Object>() {         ❷
```

3 OK，技術上，是按照字母來排序，代表大寫字母在小寫字母之前。

```
        @Override
        public int compare(Object o1, Object o2) {
            return o1.toString().compareTo(o2.toString());
    }
    }).orElse(Employee.DEFAULT_EMPLOYEE);

System.out.println(maxId);    ❸
System.out.println(maxName);  ❹
```

❶ Comparator<Employee> 的匿名內部類別實作

❷ Comparator<Object> 的匿名內部類別實作

❸ Klay Thompson（最大的 ID：4）

❹ Seth Curry（最大的名字：以 S 開頭）

這裡的概念是，我們可以利用 Employee 內的方法來編寫 Comparator，但只使用 toString 之類的 Object 方法也是合法的。藉由使用 super 萬用字元來定義 API 內的方法：Comparator<? super T> comparator)，兩種 Comparator 都是被允許的。

鄭重聲明，現在已經沒有人在寫這種程式了。範例 A-15 是更道地的做法。

範例 A-15. 尋找最大 Employee 的道地做法

```
import static java.util.Comparator.comparing;
import static java.util.Comparator.comparingInt;

// ... 建立員工 ...

Employee maxId = employees.stream()
    .max(comparingInt(Employee::getId))
    .orElse(Employee.DEFAULT_EMPLOYEE);

Employee maxName = employees.stream()
    .max(comparing(Object::toString))
    .orElse(Employee.DEFAULT_EMPLOYEE);

System.out.println(maxId);
System.out.println(maxName);
```

這當然比較簡明，但它不像匿名內部類別一樣強調有界萬用字元。

Stream.map

這是來自同一個類別的另一個簡單範例，參考 map 方法。它會接收一個有兩個引數的 Function，這兩個引數都使用萬用字元：

```
<R> Stream<R> map(Function<? super T,? extends R> mapper)
```

這個方法的目的是對串流的每一個元素（型態 T）套用 mapper 函式，來將它轉換成 R 型態的實例 [4]。因此 map 函式回傳的型態是 Stream<R>。

因為 Stream 被定義成使用 T 型態的泛型類別，所以方法不需要在簽章中定義那個變數。但是方法簽章必須在回傳型態前使用額外的型態參數 R。如果類別沒有定義泛型，方法就需要宣告這兩個參數。

java.util.function.Function 介面定義兩個型態參數，第一個（輸入引數）是從 Stream **取用**的型態，第二個（輸出引數）是函式**產生**的物件型態。萬用字元暗示，當指定參數時，輸入參數的型態必須與 Stream 相同，或在它之上。輸出型態可以是回傳的串流型態的任何後代。

Function 範例讓人困惑的原因是，從 PECS 的觀點來看，型態是逆向的（backwards）。但是，如果你記得 Function<T,R> 會接收 T 並產生 R，就知道為何 T 用 super，R 用 extends。

範例 A-16 的程式說明如何使用這個方法。

範例 A-16. 將 List<Employee> 對應至 List<String>

```
List<String> names = employees.stream()
    .map(Employee::getName)
    .collect(toList());

List<String> strings = employees.stream()
    .map(Object::toString)
    .collect(toList());
```

4 Java API 使用 T 來代表一個輸入變數，或 T 與 U 來代表兩個輸入變數，以此類推。它通常用 R 來代表回傳變數。對於 map，API 使用 K 來代表鍵，V 來代表值。

Function 宣告了兩個泛型變數，一個是輸入的，一個是輸出的。在第一個案例中，方法參考 Employee::getName 使用來自串流的 Employee 作為輸入，並回傳一個 String 作為輸出。

第二個範例展示輸入變數可被視為來自 Object 的方法，而非 Employee，因為 super 萬用字元。原則上，輸出型態是含有 String 子類別的 List，但是 String 是最終的類別，所以沒有子類別。

接著我們來看這個附錄介紹過的一種方法簽章。

Comparator.comparing

範例 A-15 使用 Comparator 的靜態方法 comparing。Comparator 介面從 Java 1.0 開始就存在了，所以當開發者看到它現在已經加入許多方法時，應該會感到驚訝。Java 8 的規則為，**泛函介面**是被定義成介面，裡面只有一個單抽象方法（SAM）的東西。就 Comparator 而言，那個方法是 compare，它會接收兩個都是泛型型態 T 的引數，並回傳一個負、零或正的 int，取決於第一個引數小於、等於或大於第二個引數[5]。

comparing 的簽章是：

```
static <T,U extends Comparable<? super U>> Comparator<T> comparing(
    Function<? super T,? extends U> keyExtractor)
```

我們先拆解 compare 方法的引數，它的名稱是 keyExtractor，型態是 Function。一如往常，Function 定義兩個泛型型態，一個是輸入的，一個是輸出的。在這裡，輸入是以輸入型態 T 為下邊界，輸出是以輸出型態 U 為上邊界。這裡的引數名稱是關鍵（key）[6]：函式使用方法來擷取將要排序的特性，而 compare 方法會回傳一個 Comparator 來執行這項工作。

因為我們的目的是藉由收到的特性 U 來使用串流的順序，那個特性必須實作 Comparable。這就是在宣告 U 時也必須 extend Comparable 的原因。當然 Comparable 本身是有型態的介面，它的型態通常是 U，但也可以是 U 的任何超類別。

5 訣竅 4.1 討論過比較器。

6 對不起。

這個方法最終會回傳 Comparator<T>，接著其他的方法會在 Stream 中使用它，來將串流排序成相同型態的新串流。

之前的範例 A-15 程式已經展示這個方法的用法了。

Map.Entry.comparingByKey 與 Map.Entry.comparingByValue

最後一個範例，探討將員工加入一個 Map，其中，鍵是員工 ID，值是員工本身。接著程式會用 ID 或姓名來排序它們，並印出結果。

第一個步驟，將員工加入 Map，當你使用 Collectors 的 toMap 方法時，其實只要用一行程式：

```
// 以 id 為鍵將員工加入 map
Map<Integer, Employee> employeeMap = employees.stream()
    .collect(Collectors.toMap(Employee::getId, Function.identity()));
```

Collectors.toMap 方法的簽章是：

```
static <T, K, U> Collector<T, ?, Map<K, U>> toMap(
    Function<? super T,? extends K> keyMapper,
    Function<? super T,? extends U> valueMapper)
```

Collectors 是個工具類別（即，它只含有靜態方法），會產生 Collector 介面的實作。

在這個範例中，toMap 方法會接收兩個引數：一個是用來生成鍵的函式，一個是用來生成輸出 map 內值的函式。回傳型態是個 Collector，它定義了三個泛型引數。

Collector 介面（來自 Javadocs）的簽章為：

```
public interface Collector<T,A,R>
```

其中，泛型型態的定義是：

- T，聚合操作的輸入元素型態
- A，聚合操作的可變積累（mutable accumulation）型態（通常隱藏為實作細節）
- R，聚合操作的結果

在這裡，我們指定 keyMapper，它將會是 Employee 的 getId 方法，代表這裡的 T 是 Integer。結果是，R 是 Map 介面的實作，K 使用 Integer，U 使用 Employee。

接著是有趣的地方—Collector 的 A 是 Map 介面的實際實作。它可能是 HashMap[7]，但我們無法知道答案，因為結果會被當成 toMap 方法的引數，所以我們無法看到它。不過，在 Collector 內，型態使用無界萬用字元 ?，它告訴我們，在內部，它可能只使用 Object 的方法或使用 Map 內非具體型態的方法。事實上，它在呼叫 keyMapper 與 valueMapper 函式之後，只使用 Map 的新 default merge 方法。

為了進行排序，Java 8 在 Map.Entry 中加入靜態方法 comparingByKey 與 comparingByValue。範例 A-17 會用鍵來排序元素，並將它們印出。

範例 A-17. 用鍵來排序 Map 元素並印出

```
Map<Integer, Employee> employeeMap = employees.stream()
    .collect(Collectors.toMap(Employee::getId, Function.identity()));  ❶

System.out.println("Sorted by key:");
employeeMap.entrySet().stream()
    .sorted(Map.Entry.comparingByKey())
    .forEach(entry -> {
        System.out.println(entry.getKey() + ": " + entry.getValue());
});
```

❶ 以 ID 為鍵，將員工加入 Map

❷ 以 ID 排序員工，並印出他們

comparingByKey 的簽章是：

```
static <K extends Comparable<? super K>,V>
    Comparator<Map.Entry<K,V>> comparingByKey()
```

comparingByKey 方法不接收引數，會回傳一個 Comparator 來比較 Map.Entry 實例。因為我們是用鍵來比較的，為鍵宣告的泛型型態 K 必須是執行實際比較的 Comparable 的子型態。當然，Comparable 本身定義了泛型型態 K 或它的其中一個前代，代表 compareTo 方法可使用 K 類別或以上的特性。

7 事實上，在參考實作中，它是個 HashMap。

排序的結果是：

```
Sorted by key:
1: Seth Curry
2: Kevin Durant
3: Draymond Green
4: Klay Thompson
```

改用值來排序會引入相當的複雜性，如果你不瞭解涉及的泛型型態，將會很難瞭解為何出錯。首先，comparingByValue 方法的簽章是：

```
static <K,V extends Comparable<? super V>> Comparator<Map.Entry<K,V>>
    comparingByValue()
```

這一次，它的 V 必須是 Comparable 的子型態。

有人可能會天真地用以下的程式來以值排序：

```
// 以姓名來排序員工，並印出他們（無法編譯）
employeeMap.entrySet().stream()
    .sorted(Map.Entry.comparingByValue())
    .forEach(entry -> {
        System.out.println(entry.getKey() + ": " + entry.getValue());
    });
```

這無法編譯。你會看到這種錯誤：

```
Java: incompatible types: inference variable V has incompatible bounds
    equality constraints: generics.Employee
    upper bounds: java.lang.Comparable<? super V>
```

問題出在，map 內的值是 Employee 的實例，且 Employee 並未實作 Comparable。幸運的是，API 定義了一個多載版本的 comparingByValue：

```
static <K,V> Comparator<Map.Entry<K,V>> comparingByValue(
    Comparator<? super V> cmp)
```

這個方法會將 Comparator 作為引數，並回傳一個新的 Comparator，來以該引數 Map.Entry 元素比較。範例 A-18 是排序 map 值正確的方式。

範例 A-18. 以值來排序元素並印出結果

```
// 以名字來排序員工並印出他們
System.out.println("Sorted by name:");
employeeMap.entrySet().stream()
```

```
.sorted(Map.Entry.comparingByValue(Comparator.comparing(Employee::getName)))
.forEach(entry -> {
    System.out.println(entry.getKey() + ": " + entry.getValue());
});
```

藉由提供 `Employee::getName` 方法參考給 `comparing` 方法，我們可以用名字的自然順序來排序員工：

```
Sorted by name:
3: Draymond Green
2: Kevin Durant
4: Klay Thompson
1: Seth Curry
```

希望這些範例可以給你足夠的基礎以掌握如何閱讀與使用 API，不致在泛型中迷失方向。

關於型態抹除

在改變 Java 這類的語言時，其中一項挑戰在於你需要支援好幾年的回溯相容性。當泛型被加入語言時，決策者就已經決定在編譯程序中移除它們了。藉由這種方式，我們就不會為帶參數的型態建立新類別，因此在使用它們時，就不會在執行期遇到麻煩。

因為這些程序都是在引擎蓋下進行，你只需要知道在編譯階段：

- 有界型態參數會被換成它們的邊界
- 無界型態參數會被換成 `Object`
- 必要時插入型態轉換
- 會生成橋接方法來保持多型性

對於型態，結果相當簡單。`Map` 介面定義兩個泛型型態：鍵的 `K`，與值的 `V`。當你實例化 `Map<Integer,Employee>` 時，編譯器會將 `K` 換成 `Integer`，`V` 換成 `Employee`。

在 `Map.Entry.comparingByKey` 案例中，鍵被宣告成 `K extends Comparable`。因此在類別中，任何使用 `K` 的地方都會被換成 `Comparable`。

Function 介面定義了兩種泛型型態，T 與 R，並且有單一抽象方法：

```
R apply(T t)
```

在 Stream 中，map 加入邊界 Function<? super T,? extends R>。所以當我們使用那個方法時：

```
List<String> names = employees.stream()
    .map(Employee::getName)
    .collect(Collectors.toList());
```

Function 會將 T 換成 Employee（因為串流是以員工組成的），將 R 換成 String（因為 getName 的回傳型態是 String）。除了一些邊緣情況之外，基本上就是這種情形。

如果你有興趣，可參考 Java Tutorial，不過型態抹除或許是整個技術最不複雜的部分。

結論

泛型原本是在 J2SE 1.5 定義的，目前仍然存在，但隨著 Java 8 的到來，它的方法簽章也變得複雜許多。被加入這個語言的多數泛函介面都同時使用泛型型態與有界萬用字元來執行型態安全。希望這個附錄可為你紮下基礎，讓你可以瞭解 API 試著完成什麼東西，因而協助你成功地使用它。

索引

※ 提醒您：由於翻譯書排版的關係，部分索引名詞的對應頁碼會和實際頁碼有一頁之差。

符號

A

B

C

D

E

F

G

H

I

J

L

M

N

P

R

S

T

U

V

W

Y

Z

關於作者

Ken Kousen 是位技術訓練師、軟體開發者與會議演說家，他善長 Java 與開放原始碼主題，包括 Android、Spring、Hibernate/JPA、Groovy、Grails 與 Gradle。他是 *Gradle Recipes for Android*（O'Reilly）與 *Making Java Groovy*（Manning）的作者。他也為 O'Reilly 錄製好幾部影片課程，主題包括 Android、Groovy、Gradle、Grails 3、Advanced Java 與 Spring Framework。

他曾經在世界各地的技術會議上發表演說，包括在 Atlanta 的 DevNexus，以及 Minneapolis、Copenhagen 與 New Delhi 的 Gr8conf 發表主題演說。在 2013 與 2016 年，他獲得 JavaOne Rockstar 獎項。

他的學術背景包括 MIT 的機械工程與數學學士學位、Princeton 的航空工程碩士與博士學位，與 RPI 的計算機科學碩士學位。他目前是 Connecticut 州的 Kousen IT 公司總裁。

出版記事

在 *Modern Java Recipes* 封面上的動物是水鹿（*Rusa unicolor*），這一種生在南亞的大型鹿類，牠們喜歡聚集在水邊。成鹿的肩高大約 40–63"，體重約 200–700 磅，雄性的體型明顯比雌性大。水鹿是現存第三大的鹿科動物，僅次於麋鹿與駝鹿。

水鹿會在黃昏與夜間活動，通常會組成小群體，雄性大部分的時間都會獨居，而雌性會形成至少三頭鹿的群體。水鹿雙足站立的能力優於其他鹿種，讓牠們可以吃到較高的葉子、標記地盤，以及威嚇掠食者。水鹿與其他鹿群不同的地方在於雌鹿很擅長保護幼鹿，牠們喜歡在水中保護自己，以發揮身高與游泳能力的優勢。

IUCN Red Lis 在 2008 年將水鹿標示為易危狀態。因為工業、農業的開發侵佔水鹿的棲息地，以及過度的獵捕（雄性的鹿角受到高度的重視，經常被當成標本以及傳統醫藥），讓全球的水鹿數量開始下降。雖然牠在亞洲的數量已開始減少，但自從牠們在 19 世紀被引入紐西蘭與澳州之後，數量卻穩定增加，在一定程度上，他們對瀕危的當地植物構成威脅。

許多 O'Reilly 封面的動物都是瀕危的，牠們對這個世界而言都很重要。如果你想要知道可以提供什麼協助，可造訪 *animals.oreilly.com*。

封面圖片來自 Lydekker 的 *The Royal Natural History*。

現代 Java｜輕鬆解決 Java 8 與 9 的難題

作　　者：Ken Kousen
譯　　者：賴屹民
企劃編輯：蔡彤孟
文字編輯：詹祐甯
設計裝幀：陶相騰
發 行 人：廖文良

發 行 所：碁峰資訊股份有限公司
地　　址：台北市南港區三重路 66 號 7 樓之 6
電　　話：(02)2788-2408
傳　　真：(02)8192-4433
網　　站：www.gotop.com.tw
書　　號：A534
版　　次：2018 年 03 月初版
建議售價：NT$580

國家圖書館出版品預行編目資料

現代 Java：輕鬆解決 Java 8 與 9 的難題 / Ken Kousen 原著；賴屹民譯. -- 初版. -- 臺北市：碁峰資訊, 2018.03
面；　公分
譯自：Modern Java Recipes : simple solutions to difficult problems in Java 8 and 9
ISBN 978-986-476-700-7(平裝)
1.Java(電腦程式語言)
312.32J3　　106025250

讀者服務

- 感謝您購買碁峰圖書，如果您對本書的內容或表達上有不清楚的地方或其他建議，請至碁峰網站：「聯絡我們」\「圖書問題」留下您所購買之書籍及問題。(請註明購買書籍之書號及書名，以及問題頁數，以便能儘快為您處理)
http://www.gotop.com.tw

- 售後服務僅限書籍本身內容，若是軟、硬體問題，請您直接與軟體廠商聯絡。

- 若於購買書籍後發現有破損、缺頁、裝訂錯誤之問題，請直接將書寄回更換，並註明您的姓名、連絡電話及地址，將有專人與您連絡補寄商品。

- 歡迎至碁峰購物網
http://shopping.gotop.com.tw
選購所需產品。